한국의 나비 전종(204sp) 생태 사진, 형태·생태 설명, 촬영 노트

한국 나비 전종 숲속 영상

Wildlife photos of Korean Butterflies

글·사진 김용식

산굴뚝나비(천연기념물 458호)

光文閣
www.kwangmoonkag.co.kr

나비나라 파주나비나라박물관

머리말

오랫동안 지속된 '나비 찾아 떠난 여행'의 종착점이 보이는듯 하다. 여행길은 떠날 때마다 설레고 기대감으로 가득했다. 되돌아보면 나는 나비 찾아 숲으로 떠나 그곳에서 얻은 소재로 책을 역어 내는 일로 많은 시간을 보냈다.

처음 낸 책은 《원색한국나비도감》(교학사 2002)이다. 이 도감은 후에 3판으로 개정증보판(2010)을 출판했는데 지금도 나비를 연구하는 분들이 많이 이용하고 있다. 그리고 여행길의 애환을 담은 수필집 《나비 찾아 떠난 여행》(현암사 2009)과 어린이 과학도서인 《나비야 친구하자》(광문각 2016)를 출간했다.

여행을 시작한 후 얼마 동안은 채집 도구만 챙겨 떠났다. 그다음에는 카메라를 갖고 다니며 채집과 촬영을 같이 했다. 그 후에는 아내와 카메라를 갖고 다니며 사진 찍는 일에 몰두했다.

숲 사이 산길을 따라가다 보면 갖가지 아름다운 꽃들이 피어 있고 그곳에 살포시 날아들어 날갯짓하는 나비가 보인다. 숨죽이고 다가가 그 장면을 사진에 담기 위해 카메라 셔터를 누르는 순간까지 긴장감과 좋은 사진의 기대감으로 마음이 벅차오른다. 나는 그 몰입하는 시간을 탐하며 그 일에 많은 시간을 보냈다.

귀한 나비를 촬영할 때 느낀 감동의 순간을 다 쓸 수 없지만 오래 기억에 남는 곳이 있다. 강원도 남춘천에 있는 산길이다. 그곳에 갈 때는 해 뜨는 시간에 맞추기 위해 이른 새벽에 출발한다. 그 시간대에 땅바닥에서 산길 옆 풀잎으로 옮겨 앉아 날개를 펴고 햇볕 쬐는 나비를 촬영하기 위해서다. 그런 노력으로 다양한 녹색부전나비와 까마귀부전나비 등 많은 종류의 나비를 촬영하는 성과를 올렸다

제주도의 프시케월드에서 근무한 13년 동안 박물관 뒤 숲에서 나비들을 열심히 촬영한 것이 이 책을 내는 데 밑바탕이 되었다. 석양 무렵 산초나무 꽃에서 청띠제비나비들이 푸른 날갯짓하며 꿀 빠는 장면, 익모초 군락지에 모여들던 호랑나비들이 덧세

부리며 하늘 높이 나는 모습, 누리장나무 숲에 모여든 제비나비들이 나비 길을 만들며 선회하던 모습 등을 촬영한 기억은 오래 잊지 못할 것이다

나는 항상 이런 장면의 배경을 살려 남다른 나비 사진을 촬영하기 위해 노력했다

나비들이 많이 사라지고 있다. 몇 종은 멸종되었고, 흔했던 나비들도 지금은 보기 어렵게 되었다.

이 책은 나비들이 더 사라지기 전에 우리나라에 서식하고 있는 나비 전 종의 모습을 기록으로 남기기 위해 오랫 동안 준비하여 출판하였다. 그래서 나비를 연구하는 분들께 도움이 되기를 기대한다. 또한, 나비를 소재로 작품 활동하는 분들께도 두루 이용되기를 바란다.

이 책을 출판하는 데 많은 사진을 흔쾌히 협찬해 주신 손상규 님과 이용상 선생님께 특별히 감사드린다. 그리고 사진 협찬과 조언을 해주신 한국나비학회의 주홍재 고문님, 김성수 전 회장님, 손정달, 이영준, 주재성, 최수철, 백문기 회원님들과 권민철 님, 안홍균 님, 오해용 님, 이상현 님, 이원규 님, 전승연 님, 정헌천 님께도 감사드린다.

또한, 이 책을 훌륭하게 출판해 주신 광문각출판사의 박정태 회장님과 편집부 이명수 이사님, 김동서 부장님 그리고 전상은 사원께 감사 드린다.

끝으로 50년 가까이 나비 찾아 떠난 여행길에 동행하여 고락을 같이하고 자연에서 받은 감동을 교감하며 지낸 아내에게 이 책을 제일 먼저 선물하고자 한다.

2022년 8월 저자

알아두기

1. 수록한 사진의 선정 기준

국내에서 촬영한 사진을 수록하였다. 단 국내에서 촬영한 사진만으로 한 면(Plat)을 구성할 수 없는 경우 제한적으로 외국에서 촬영한 사진을 협찬 받아 면을 구성 했다(산부전나비, 상제나비, 신선나비).

또 국내에서 촬영한 유일 사진인 경우 다른 책에 수록된 사진을 촬영자의 양해를 얻어 재사용했다. (북방점박이푸른부전나비, 신선나비 산부전나비 상제나비 짝짓기 큰수리팔랑나비, 쐐기풀나비)

2. 계절형 명시

1년에 2회 이상 출현하는 나비 중 계절형이 뚜렷하게 나타나는 경우 봄형, 가을형, 월동형은 명시했으나 여름 형은 명시하지 않았다.

3. 촬영 연도 기록

글자수를 줄여 두 자리로 기록했다.

예: 1984→84 2015→15

4 촬영 장소 기록

글자 수를 줄여 기록했다.

예: 서울특별시→ 서울, 충청남도→ 충남, 강원도→ 강원. 촬영 노트의 내용 중 저자의 수필집 “나비 찾아 떠난 여행”을 인용한 경우 책명을 요약하여 (나찾여 ( )쪽)으로 표시 했다.

5. 사진 수록의 순서

수컷, 암컷, 짝짓기와 기타 생태 사진 순으로 배열했다.

6. 학명과 한국명의 기준

국립생물자연관에서 발행한 국가 생물 종 목록(12019)을 기준으로 했다.

7. 나비의 형태 & 생태 해설

각종 나비의 형태적 특징을 나비 이름과 연관하여 설명했고 또 분포, 출현 시기와 연 출현 횟수, 흡밀 식물, 먹이 식물, 습성, 겨울나기 형태와 한 살이 과정 등을 간략하게 설명했다.

8. 촬영 노트

촬영할 때의 상황 즉 시기와 시간, 장소, 흡밀 식물과 나비의 위치와 행동 등을 기록했다. 또한, 촬영하면서 느꼈던 마음을 기록하여 같은 일을 하는 분들과 마음을 나누고 참고가 되도록 했다. (이곳에 수록된 사진은 과별 사진과 다른 사진을 수록했다.)

9. 용어 설명

- 용화(蛹化): 애벌레가 번데기로 탈바꿈하는 과정을 말한다.
- 우화(羽化): 번데기에서 날개돋이하여 어른벌레로 탈바꿈하는 과정을 말한다.
- 점유 행동(占有 行動): 나비가 위치하고 있는 영역에 다른 나비가 침입하면 공격하여 막아 내고 원래 자리로 돌아오는 행동을 말한다. 텃세 행동과 같은 말인데 텃세 부린다로 표현했다.
- 나비 길(蝶道): 호랑나비과의 제비나비류가 산림 위나 계곡에서 일정 방향으로 이동하거나 선회하는 코스를 말한다.
- 수용(垂蛹): 배 끝을 물체에 고정하고 몸체를 밑으로 하는 용화 형식으로 네발나비과 나비들에서 볼 수 있다.
- 대용(帶蛹): 배 끝을 물체에 고정하고 실로 몸통을 둘러쳐 물체에 고정하는 형식으로 네발나비과 외의 나비들의 용화 방식이다.
- 수태낭(受胎囊): 짝짓기한 암컷의 배 끝에 생기는 덮개 같은 구조물이다. 이로 인해 다른 수컷과 짝짓기를 할 수 없게 된다.
- 짝짓기 거부 행동: 큰줄흰나비 노랑나비등 흰나비과의 일부 나비들이 나타내는 행동이다. 수컷이 접근하면 암컷이 배 끝을 치켜 세워 짝짓기를 할 수 없게 하는 행동이다.
- 성표(性標): 암·수컷 나비 중 한 쪽에만 나타나는 형태를 말한다. 제비나비는 수컷에만 앞날개에 비로드 모양 털이 있고 팔랑나비중에는 수컷의 앞날개에만 은회색 선이 있는 종류가 있다.
- 계절 형: 1년에 2회 이상 출현하는 나비들 중 출현하는 계절에 따라 크기 색상 형태 등의 차이가 나타나는 것을 말한다. 봄형, 여름형, 가을형, 늦가을형, 월동형으로 구별 한다.

- 고유종(固有種): 어느 지역이나 한 국가에만 서식하는 나비를 말한다. 한국의 고유 종은 우리 녹색부전나비이며 북한에는 그 지역의 고유종이 많다.
- 흡밀 식물(吸密 植物): 나비가 꿀 빠는 식물을 말한다. 나비 종류에 따라 선호하는 식물이 다르다 그러나 엉겅퀴 등의 꽃에는 여러 종류의 나비들이 꿀을 빤다.
- 구애 행동(求愛 行動): 수컷이 짝짓기 하기 위해 암컷을 유혹하는 행동이다. 암컷 주변을 맴돌며 빠르게 날개 짓하는 행동 등이다.

10. 나비 날개의 부위별 명칭

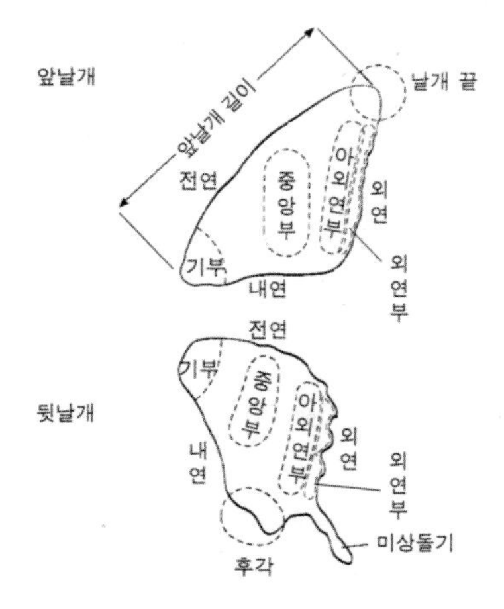

11. 나비의 구조

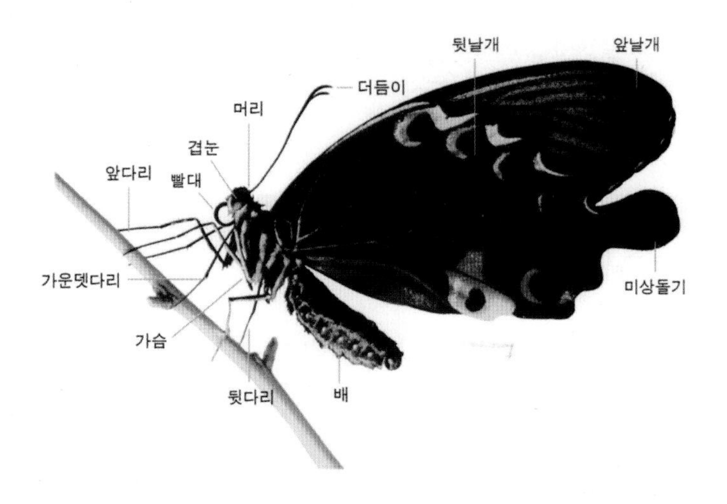

차례

머리말 3

알아두기 5

1. 호랑나비과 (Papilionidae) 15

과 해설 (분포, 생태, 한살이 등) 16

호1. 애호랑나비 .... 17 / 43

호2. 모시나비 .... 19 / 43

호3. 붉은점모시나비 .... 20 / 44

호4. 꼬리명주나비 .... 21 / 44

호5. 사향제비나비 .... 22 / 44

호6. 호랑나비 .... 24 / 45

호7. 산호랑나비 .... 27 / 45

호8. 긴꼬리제비나비 .... 30 / 46

호9. 남방제비나비 .... 32 / 46

호10. 제비나비 .... 34 / 47

호11. 산제비나비 .... 37 / 47

호12. 무늬박이제비나비 .... 39 / 48

호13. 청띠제비나비 .... 40 / 48

각종의 형태·생태 설명과 촬영 노트 43

2. 흰나비과 (Pieridae) 49

과 해설 (분포, 생태, 한살이 등) 50

흰1. 기생나비 .... 51 / 71

흰2. 북방기생나비 .... 52 / 71

흰3. 남방노랑나비 .... 53 / 71

흰4. 극남노랑나비 .... 55 / 72

흰5. 멧노랑나비 .... 57 / 72

흰6. 각시멧노랑나비 .... 58 / 72

흰7. 노랑나비 .... 59 / 73

흰8. 갈구리나비 ······ 61 / 73
흰9. 상제나비 ······ 63 / 73
흰10. 배추흰나비 ······ 64 / 73
흰11. 대만흰나비 ······ 66 / 74
흰12. 줄흰나비 ······ 67 / 74
흰13. 큰줄흰나비 ······ 68 / 74
흰14. 풀흰나비 ······ 69 / 75
각종의 형태·생태 설명과 촬영 노트 ······ 71

3. 부전나비과 (Lycaenidae) ······ 76

과 해설 (분포, 생태, 한살이 등) ······ 77
부1. 바둑돌부전나비 ······ 78 / 153
부2. 남방남색부전나비 ······ 80 / 153
부3. 남방남색꼬리부전나비 ······ 81 / 154
부4. 선녀부전나비 ······ 82 / 154
부5. 붉은띠귤빛부전나비 ······ 83 / 155
부6. 금강산귤빛부전나비 ······ 85 / 155
부7. 귤빛부전나비 ······ 87 / 156
부8. 시가도귤빛부전나비 ······ 88 / 156
부9. 민무늬귤빛부전나비 ······ 89 / 156
부10. 암고운부전나비 ······ 90 / 156
부11. 참나무부전나비 ······ 91 / 157
부12. 긴꼬리부전나비 ······ 92 / 157
부13. 물빛긴꼬리부전나비 ······ 94 / 158
부14. 담색긴꼬리부전나비 ······ 95 / 158
부15. 깊은산부전나비 ······ 96 / 158
부16. 남방녹색부전나비 ······ 98 / 159
부17. 작은녹색부전나비 ······ 99 / 159
부18. 북방녹색부전나비 ······ 100 / 159
부19. 암붉은점녹색부전나비 ······ 101 / 160
부20. 은날개녹색부전나비 ······ 103 / 160
부21. 큰녹색부전나비 ······ 104 / 161
부22. 깊은산녹색부전나비 ······ 106 / 161
부23. 검정녹색부전나비 ······ 107 / 162
부24. 금강석녹색부전나비 ······ 108 / 162
부25. 넓은띠녹색부전나비 ······ 109 / 162

부26. 산녹색부전나비 ······ 110 / 162
부27. 우리녹색부전나비 ······ 112 / 163
부28. 북방쇳빛부전나비 ······ 114 / 163
부29. 쇳빛부전나비 ······ 115 / 164
부30. 범부전나비 ······ 116 / 164
부31. 울릉범부전나비 ······ 118 / 164
부32. 민꼬리까마귀부전나비 ······ 120 / 165
부33. 까마귀부전나비 ······ 121 / 166
부34. 참까마귀부전나비 ······ 123 / 166
부35. 꼬마까마귀부전나비 ······ 124 / 167
부36. 벚나무까마귀부전나비 ······ 125 / 167
부37. 북방까마귀부전나비 ······ 126 / 167
부38. 쌍꼬리부전나비 ······ 127 / 167
부39. 작은주홍부전나비 ······ 128 / 168
부40. 큰주홍부전나비 ······ 130 / 168
부41. 담흑부전나비 ······ 132 / 169
부42. 물결부전나비 ······ 134 / 170
부43. 남방부전나비 ······ 135 / 170
부44. 극남부전나비 ······ 136 / 171
부45. 푸른부전나비 ······ 137 / 171
부46. 산푸른부전나비 ······ 138 / 171
부47. 회령푸른부전나비 ······ 139 / 171
부48. 암먹부전나비 ······ 140 / 172
부49. 먹부전나비 ······ 141 / 172
부50. 작은홍띠점박이푸른부전나비 ······ 142 / 172
부51. 큰홍띠점박이푸른부전나비 ······ 143 / 172
부52. 산꼬마부전나비 ······ 144 / 173
부53. 부전나비 ······ 146 / 173
부54. 소철꼬리부전나비 ······ 147 / 174
부55. 산부전나비 ······ 149 / 174
부56. 북방점박이푸른부전나비 ······ 149 / 174
부57. 고운점박이푸른부전나비 ······ 150 / 174
부58. 큰점박이푸른부전나비 ······ 151 / 175

각종의 형태·생태 설명과 촬영 노트 ······ 153

4. 네발나비과 (Nymphalidae) ······ 176

과 해설 (분포, 생태, 한살이 등) ······ 177
네1. 뿔나비 ······ 178 / 280
네2. 왕나비 ······ 179 / 280
네3. 산꼬마표범나비 ······ 180 / 280
네4. 봄어리표범나비 ······ 180 / 281
네5. 여름어리표범나비 ······ 181 / 281
네6. 담색어리표범나비 ······ 182 / 281
네7. 암어리표범나비 ······ 183 / 282
네8. 금빛어리표범나비 ······ 185 / 283
네9. 작은은점선표범나비 ······ 187 / 283
네10. 큰은점선표범나비 ······ 189 / 283
네11. 작은표범나비 ······ 190 / 283
네12. 큰표범나비 ······ 192 / 284
네13. 흰줄표범나비 ······ 194 / 284
네14. 큰흰줄표범나비 ······ 195 / 284
네15. 구름표범나비 ······ 196 / 284
네16. 암검은표범나비 ······ 197 / 285
네17. 은줄표범나비 ······ 199 / 285
네18. 산은줄표범나비 ······ 200 / 285
네19. 긴은점표범나비 ······ 202 / 286
네20. 은점표범나비 ······ 204 / 286
네21. 왕은점표범나비 ······ 206 / 287
네22. 풀표범나비 ······ 208 / 287
네23. 암끝검은표범나비 ······ 210 / 287
네24. 줄나비 ······ 212 / 288
네25. 제일줄나비 ······ 213 / 288
네26. 제이줄나비 ······ 215 / 289
네27. 제삼줄나비 ······ 216 / 289
네28. 참줄나비 ······ 217 / 290
네29. 참줄사촌나비 ······ 218 / 290
네30. 굵은줄나비 ······ 219 / 290
네31. 홍줄나비 ······ 221 / 291
네32. 왕줄나비 ······ 223 / 291
네33. 애기세줄나비 ······ 225 / 292
네34. 별박이세줄나비 ······ 227 / 292

네35. 개마별박이세줄나비 …… 228 / 292
네36. 높은산세줄나비 …… 229 / 293
네37. 세줄나비 …… 230 / 293
네38. 참세줄나비 …… 231 / 293
네39. 왕세줄나비 …… 232 / 294
네40. 황세줄나비 …… 234 / 294
네41. 중국황세줄나비 …… 236 / 294
네42. 산황세줄나비 …… 238 / 295
네43. 두줄나비 …… 239 / 295
네44. 어리세줄나비 …… 240 / 296
네45. 거꾸로여덟팔나비 …… 242 / 296
네46. 북방거꾸로여덟팔나비 …… 243 / 297
네47. 네발나비 …… 244 / 297
네48. 산네발나비 …… 245 / 297
네49. 갈고리신선나비 …… 246 / 297
네50. 들신선나비 …… 247 / 298
네51. 청띠신선나비 …… 249 / 298
네52. 신선나비 …… 251 / 299
네53. 공작나비 …… 252 / 299
네54. 쐐기풀나비 …… 253 / 299
네55. 큰멋쟁이나비 …… 254 / 299
네56. 작은멋쟁이나비 …… 256 / 300
네57. 유리창나비 …… 258 / 300
네58. 먹그림나비 …… 260 / 301
네59. 오색나비 …… 262 / 302
네60. 황오색나비 …… 264 / 303
네61. 번개오색나비 …… 266 / 303
네62. 밤오색나비 …… 268 / 304
네63. 은판나비 …… 270 / 304
네64. 왕오색나비 …… 272 / 305
네65. 흑백알락나비 …… 274 / 305
네66. 홍점알락나비 …… 275 / 305
네67. 수노랑나비 …… 277 / 306
네68. 대왕나비 …… 279 / 306
각종의 형태·생태 설명과 촬영 노트 …… 280
네69. 애물결나비 …… 309 / 340
네70. 물결나비 …… 310 / 340

네71. 석물결나비 ··· 311 / 340
네72. 부처나비 ··· 312 / 340
네73. 부처사촌나비 ··· 313 / 341
네74. 외눈이지옥나비 ··· 314 / 341
네75. 외눈이지옥사촌나비 ··· 315 / 341
네76. 가락지나비 ··· 316 / 342
네77. 참산뱀눈나비 ··· 317 / 342
네78. 시골처녀나비 ··· 320 / 343
네79. 봄처녀나비 ··· 321 / 343
네80. 도시처녀나비 ··· 323 / 343
네81. 산굴뚝나비 ··· 325 / 343
네82. 굴뚝나비 ··· 327 / 344
네83. 황알락그늘나비 ··· 329 / 344
네84. 알락그늘나비 ··· 330 / 345
네85. 뱀눈그늘나비 ··· 331 / 345
네86. 눈많은그늘나비 ··· 332 / 345
네87. 먹그늘나비 ··· 333 / 345
네88. 먹그늘붙이나비 ··· 334 / 346
네89. 왕그늘나비 ··· 335 / 346
네90. 조흰뱀눈나비 ··· 336 / 346
네91. 흰뱀눈나비 ··· 338 / 347
각종의 형태·생태 설명과 촬영 노트 ··· 340

5. **팔랑나비과 (Hesperiidae)** ··· 348

과 해설 (분포, 생태, 한살이 등) ··· 349
팔1. 독수리팔랑나비 ··· 350 / 389
팔2. 큰수리팔랑나비 ··· 350 / 389
팔3. 푸른큰수리팔랑나비 ··· 351 / 389
팔4. 대왕팔랑나비 ··· 353 / 390
팔5. 왕팔랑나비 ··· 355 / 390
팔6. 왕자팔랑나비 ··· 357 / 390
팔7. 멧팔랑나비 ··· 359 / 391
팔8. 꼬마흰점팔랑나비 ··· 360 / 391
팔9. 흰점팔랑나비 ··· 361 / 391
팔10. 은줄팔랑나비 ··· 363 / 391
팔11. 줄꼬마팔랑나비 ··· 364 / 392

팔12. 수풀꼬마팔랑나비 ………… 365 / 392
팔13. 꽃팔랑나비 ………… 366 / 393
팔14. 황알락팔랑나비 ………… 367 / 393
팔15. 참알락팔랑나비 ………… 368 / 393
팔16. 수풀알락팔랑나비 ………… 369 / 393
팔17. 파리팔랑나비 ………… 370 / 394
팔18. 지리산팔랑나비 ………… 372 / 394
팔19. 돈무늬팔랑나비 ………… 374 / 395
팔20. 검은테떠들썩팔랑나비 ………… 375 / 395
팔21. 수풀떠들썩팔랑나비 ………… 377 / 395
팔22. 산수풀떠들썩팔랑나비 ………… 379 / 396
팔23. 유리창떠들썩팔랑나비 ………… 381 / 396
팔24. 제주꼬마팔랑나비 ………… 383 / 396
팔25. 산줄점팔랑나비 ………… 385 / 397
팔26. 줄점팔랑나비 ………… 386 / 398
팔27. 흰줄점팔랑나비 ………… 387 / 398
팔28. 산팔랑나비 ………… 388 / 398
각종의 형태·생태 설명과 촬영 노트 …………389

6. 미접(迷蝶) ………… 399

미1. 연노랑흰나비 ………… 400 / 406
미2. 남색물결나비 ………… 400 / 407
미3. 뾰족부전나비 ………… 401 / 407
미4. 끝검은왕나비 ………… 401 / 408
미5. 별선두리왕나비 ………… 402 / 408
미6. 대만왕나비 ………… 402 / 408
미7. 돌담무늬나비 ………… 403 / 408
미8. 남방오색나비 ………… 403 / 408
미9. 남방남색공작나비 ………… 404 / 409
미10. 암붉은오색나비 ………… 404 / 409
미11. 먹나비 ………… 405 / 409
각종의 분포·생태 설명과 촬영 노트 …………406

학명으로 찾아보기 …………410
한글명으로 찾아보기 …………413
참고문헌 …………415

호랑나비과

Papilionidae

호7-7. 산호랑나비 암컷

아름다운 대형 나비들이다. 방화성(訪花性)으로, 꽃을 찾아 활기차게 날아다니며 꿀을 빤다. 수컷은 무리 지어 물기 있는 땅바닥에 앉아 물을 빤다. 모시나비아과와 호랑나비아과로 나누는데 호랑나비아과의 나비는 청띠제비나비를 제외한 모든 종의 날개에 미상돌기가 있다. 제비나비 무리는 산길이나 계곡에서 나비 길(접도, 蝶道)를 형성하며 일정 방향으로 이동하거나 선회하는 습성이 있다. 모시나비아과의 꼬리명주나비와 애호랑나비는 미상돌기가 있고 모시나비류는 미상돌기가 없다. 애호랑나비와 모시나비 암컷은 짝짓기를 하면 배 끝에 수태낭(受胎囊)이 생기는데 이로 인해 다른 수컷과 짝짓기를 할 수 없다. 다른 과의 나비에서 볼 수 없는 특징이다. 모시나비류의 날개는 반투명한데 원시적인 나비의 형태이다. 전 세계에 600여 종이 분포한다. 남한에는 모시나비아과(Parnassiinae) 4종, 호랑나비아과(Papilioninae) 9종, 총 13종이 분포한다. 북한 국지 종은 왕붉은점모시나비와 황모시나비가 있다.

한살이(생활사)

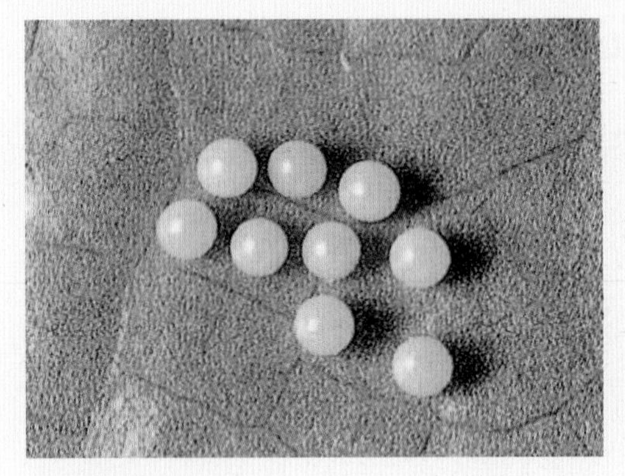

한1. 애호랑나비 알

알

대부분 공 모양이다.

유백색이 많지만 애호랑나비 알은 초록색이고, 사향제비나비 알은 주황색이다. 알의 윗면 중앙은 좀 패인 정공이 있고, 동심원적으로 돌기들이 배열되어 있다.

애벌레

대부분 단독 생활을 하지만 애호랑나비와 꼬리명주나비의 어린 애벌레들은 집단 생활하다가 자라면서 흩어져 단독 생활을 한다. 호랑나비아과 애벌레들은 뱀혀 모양의 취각(取角)을 내밀어 악취를 풍겨 천적으로부터 몸을 보호한다.

한2. 산호랑나비 종령 애벌레

한3. 청띠제비나비 번데기

번데기

배 끝을 나무줄기나 주변 물체에 몸을 붙이고 실을 분비해 몸을 둘러쳐 고정하는 대용(帶蛹)이다. 모시나비류 나비들은 실을 분비해 고치를 만들고 그 속에서 몸을 숨기고 지낸다. 번데기는 먹이 식물의 가지나 주변의 돌이나 민가의 벽에서 발견된다.

애호랑나비 1

Luehdorfia puziloi (Erschoff 1872)

호1-1. 얼레지꽃에서 꿀 빠는 수컷. 경기 화야산 02.4.6

호1-2. 구애 행동 수컷(앞쪽), 암컷(왼쪽). 경기 화야산 02.4.6

애호랑나비 2

호1-3. 짝짓기 (앞-수컷, 뒤-암컷). 경기 화야산 02.4.6

호1-4. 진달래꽃에서 꿀 빠는 암컷. 경기 청계산 01.4.20

모시나비

Parnassius stubbendrorfii Ménétriès, 1848

호2-1. 산딸기꽃에서 꿀 빠는 수컷.
경기 화야산 05.4.28

호2-2. 엉겅퀴꽃에서 꿀 빠는 암컷.
강원 남춘천 03.5.10

호2-3. 짝짓기 강원 남춘천 18.05.26

붉은점모시나비

Parnassius bremeri (Felder, 1864)

호3-1. 엉겅퀴꽃에서 꿀 빠는 수컷.
강원 삼척 14.5.15

호3-2. 쥐오줌풀꽃에서 꿀 빠는 암컷.
강원 태백 98.5.18

호3-3. 짝짓기 강원 삼척 02. 5.17. 협찬 권민철

꼬리명주나비

Sericinus montela Gray, 1852

호4-1. 비상하는 수컷. 충북 고명리 16.7.25

호4-2. 줄딸기꽃에서 꿀 빠는 봄형 수컷.
강원 쌍용 05.4.27

호4-3. 햇볕 쬐는 암컷.
경기 성남 탄천 09.8.17

사향제비나비 1

Atrophaneura alcinous (Klug, 1836)

호5-1. 봄형의 짝짓기. 전남 광주. 15.5.19 협찬 최수철

사향제비나비 2

호5-2. 고추나무꽃에서 꿀 빠는 봄형 수컷. 강원 강촌 91. 5. 13

호5-3. 할미밀빵꽃에서 꿀 빠는 수컷.
경기 화야산 11.7.12

호5-4. 햇볕 쬐는 봄형 암컷.
강원 오대산 05.5.28

호랑나비 1

Papilio xuthus Linnaeus. 1767

호6-1. 석양 무렵 익모초꽃에서 꿀 빠는 수컷(오른쪽)과 암컷(왼쪽). 제주 애월 10.9.14

호랑나비 2

호6-2. 백일홍꽃에서 꿀 빠는 수컷
제주 애월 12.7.13

호6-3. 참나리꽃에서 꿀 빠는 수컷.
경기 오이도 04.6.28

호6-4. 배초향꽃을 향해 날아드는 암·수컷들. 제주 애월 10. 9.7

호랑나비 3

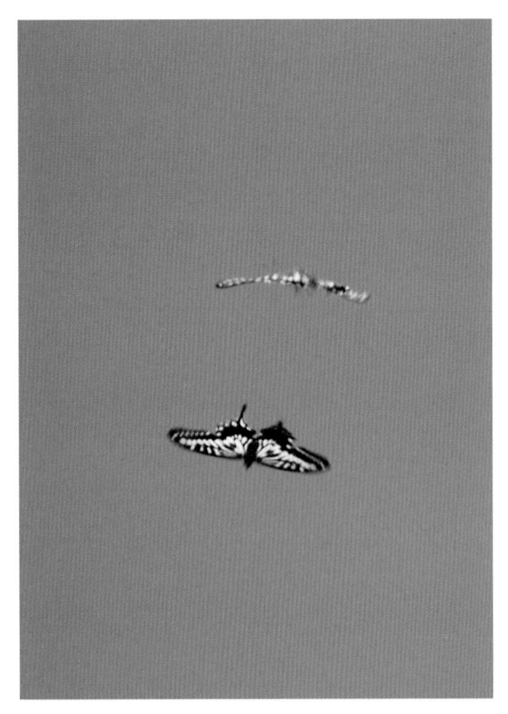

호6-5. 하늘 높이 텃세 비행하는 수컷들.
제주 애월 08.8.17

호6-6. 구매 비행(맨위 암컷, 아래 수컷들).
제주 애월 18.8.18

호6-7. 짝짓기 (왼쪽의 수컷이 끼어들고 있음). 제주 안덕 08.7.10

산호랑나비 1

Papilio machaon Linnaeus. 1758

호7-1. 익모초꽃을 향해 날아드는 암컷. 제주 애월 10.9.20

산호랑나비 2

호7-2. 유채꽃에서 꿀 빠는 봄형 암컷. 제주 애월 14.4.7

호7-3. 봄형 짝짓기. 제주 애월 08.4.27

산호랑나비 3

호7-4. 익모초꽃에서 꿀 빠는 암컷.
제주 애월 13.7.12

호7-5. 붓들레아꽃에서 꿀 빠는 암컷(흑화형).
제주 애월 11.8.1

호7-6. 짝짓기. 제주 애월 13.8.11

긴꼬리제비나비 1

Papilio macilentus Janson, 1877

호8-1. 누리장나무 숲에서 나비 길을 따라 비행하는 수컷들. 제주 애월 09.8.27

긴꼬리제비나비 2

호8-2. 거지덩굴꽃에서 꿀 빠는 수컷.
강원 둔내 12.7.15

호8-3. 엉겅퀴꽃에서 꿀 빠는 암컷.
경기 화야산 09.6.27

호8-4. 무리지어 물 빠는 수컷들. 경기 화야산 11.7.18

남방제비나비 1

Papilio protenor Cramer, 1775

호9-1. 엉겅퀴꽃에서 꿀 빠는 봄형 수컷.
경기 대부도 04.6.4

호9-2. 광대수염꽃에서 꿀 빠는 봄형 수컷.
제주 애월 16.5.18

호9-3. 햇볕 쬐는 봄형 암컷. 제주 애월 08.6.25

남방제비나비 2

호9-4. 금관화꽃에서 꿀 빠는 수컷. 제주 안덕 14.7.12

호9-5. 란타나꽃에서 꿀 빠는 암컷. 제주 애월 15.7.9

제비나비 1

Papilio bianor Cramer, 1777

호10-1. 산철쭉꽃에서 꿀 빠는 봄형 수컷. 제주 애월 15.6.20

호10-2. 누리장나무꽃에서 꿀 빠는 수컷. 제주 애월 10.8.11

제비나비 2

호10-3. 거지덩굴꽃에서 꿀 빠는 수컷. 제주 애월 10.7.21

호10-4. 거지덩굴꽃에서 꿀 빠는 암컷. 제주 애월 13.7.25

제비나비 3

호10-5. 거지덩굴꽃을 향해 날아드는 암컷. 제주 애월 15. 7.12

호10-6. 무리지어 물을 빠는 수컷들. 경기 화야산 08.7.10

산제비나비 1

Papilio maackii Ménétrés, 1859

호11-1. 누리장나무꽃에서 꿀 빠는 수컷. 강원 광덕산 18.7.25

산제비나비 2

호11-2. 엉겅퀴꽃에서 꿀 빠는 봄형 수컷
제주 애월 12.5.17

호11-3. 유채꽃에서 꿀 빠는 봄형 암컷.
제주 애월 11.5.9

호11-4. 누리장나무꽃에서 꿀 빠는 암컷. 제주 애월 07.8.13

무늬박이제비나비

Papilio helenus Linnaeus. 1758

호12-1. 진달래꽃에서 꿀 빠는 봄형 암컷. 경남 거제 04.5.11

호12-2. 동자꽃에서 꿀 빠는 수컷. 경남 거제 외도 04.8.11. 협찬 주재성

청띠제비나비 1

Graphium sapedon Linnaeus. 1758

호13-1. 거지덩굴꽃을 향해 날아드는 수컷. 제주 애월 10.9.7

청띠제비나비 2

호13-2. 산철쭉꽃에서 꿀 빠는 봄형 수컷. 제주 애월 12.5.12

호13-3. 거지덩굴꽃에서 꿀 빠는 수컷. 제주 애월 16.7.28

호13-4. 석양 무렵 산초나무꽃에서 네발나비를 덮치고 앉아 꿀 빠는 암컷. 제주 애월 13.8.28

청띠제비나비 3

호13-5. 거지덩굴꽃을 향해 날아드는 수컷. 제주 애월 15.7.24

호13-6. 석양 무렵 붓들레아꽃에서 꿀 빠는 암컷. 제주 애월 16.8.11

호랑나비과(Papilionidae) 나비의 형태·생태 설명과 촬영 노트

호1. 애호랑나비

호랑이 무늬를 닮은 호랑나비 중 가장 작아 애(아이) 같아서 애호랑나비라고 이름 붙여졌다. 이른 봄에 나와 낮게 날아다니며 숲에 봄이 온 것을 알리는 봄의 전령사 같은 나비다. 진달래, 얼레지 등의 꽃에서 꿀을 빨며 산 능선을 따라 날아올라 산봉우리에서 선회하다 내려오는 습성이 있다. 짝짓기 한 암컷의 배 끝에는 수태낭이 있다. 제주를 제외한 전국 곳곳에 사는데 4월 중순에 한 번 나온다. 먹이 식물은 족도리풀이고 번데기로 겨울을 난다.

촬영 노트

매년 봄 얼레지꽃에서 꿀 빠는 애호랑나비를 촬영하려고 화야산에 갔다. 그러던 중 어느 해 봄, 그해(2002) 몹시 가물어 꽃들이 시들시들한 오후 3시경의 얼레지 군락지에서였다. 꿀 빠는 수컷을 발견하고 다가가 촬영했다(호1-1). 잠시 후 그 나비가 옆으로 옮겨 앉아 꿀을 빠는데 암컷이 날아 와서 그 옆에 앉았다. 그 후 수컷이 날개를 떠는 구애 행동(호1-2)을 했다. 잠시 후 순식간에 짝짓기가 이루어 졌다(호1-3). 이 모든 장면을 한 자리에서 촬영했다. 실로 30여 년 만에 처음인 감격적인 순간이었다. 완전히 겹쳐진 짝짓기 사진은 국내외 어느 책에서도 본 적이 없는 희귀한 사진이다. 산에서 내려올 때 길가의 얼레지꽃에 꿀 빠는 수컷을 발견하여 한 장 더 촬영했다. 그 후로는 그런 행운은 다시 오지 않았다. 암컷 사진은 오래전 청계사 뒤쪽 산 능선의 진달래 군락지에서 촬영하였다.

호1-10. 얼레지꽃에서 꿀 빠는 수컷. 경기 화야산

호2. 모시나비

5월 중순에 나오는 희고 반투명한 나비다. 옛 여인들이 입던 희고 정갈한 모시옷의 색감과 비슷하여 붙여진 이름이다. 산의 경사면을 낮게 날아다니며 엉겅퀴, 산딸기 등의 꽃에서 꿀을 빤다. 짝짓기한 암컷의 배 끝에는 수태낭이 있다. 반투명한 나비들은 조상 나비들이다. 제주를 제외한 전국 곳곳에 사는데 5월 중순에 한 번 나온다. 먹이 식물은 현오색이며 알로 겨울을 난다.

호3. 붉은점모시나비

뒷날개에 선명한 붉은 점들이 있다. 이 붉은 점이 품격을 높여 나비 애호가들의 마음을 사로잡는다. 낮게 날아다니며 엉겅퀴, 기린초 등의 꽃에서 꿀을 빤다. 산 능선으로 비상하여 오르다 활강하듯 내려온다. 짝짓기한 암컷 배 끝에 수태낭이 있다.

강원과 경북 일부 지역에 살며 5월 중순에 한 번 나온다. 먹이 식물은 기린초이며 애벌레로 겨울을 난다. 1급 보호 종이다.

호4. 꼬리명주나비

날개 꼬리가 유난히 긴 나비이다. 그 날개 꼬리 위에 붉은 띠가 있어 멋을 더해 준다. 수컷은 유백색이고 암컷은 흑갈색에 유백색 그물 무늬가 있다. 야산의 풀밭에서 나불나불 날아다니며 개망초, 산딸기, 엉겅퀴 등의 꽃에서 꿀을 빤다. 흔한 나비였는데 요즘은 개체 수가 감소하고 있다. 제주와 남부 지역을 제외한 전국 곳곳에 산다. 4월 중순에 봄형, 6월에 여름형이 나온다. 먹이 식물은 쥐방울덩굴이며 번데기로 겨울을 난다.

호5. 사향제비나비

수컷의 몸에서는 좋은 향기가 난다. 수컷은 흑갈색이나 암컷은 황갈색이다. 뒷날개 아랫면 아외연부에 붉은색 무늬가 있다. 풀밭 사이를 천천히 날아다니며 엉겅퀴, 쉬땅나무, 산초나무 등의 꽃에서 꿀을 빤다. 제주를 제외한 전국 곳곳에 산다. 5월 중순에 봄형, 7월에 여름형이 나온다. 먹이 식물은 쥐방울덩굴, 등칡이며 번데기로 겨울을 난다.

호6. 호랑나비

호랑이 무늬와 비슷하여 호랑나비라고 이름 붙여졌다. 예로부터 우리와 친숙한 나비이다. 숲에 살지만 탱자나무 울타리가 있는 민가 주변에서도 흔히 볼 수 있다. 활기차게 날아다니며 무궁화, 산초나무, 탱자나무 등의 꽃에서 꿀을 빤다. 수컷은 축축한 땅바닥에 무리 지어 앉아 물을 빤다. 전국 곳곳에 살며 4월 중순에 봄형, 5~10월에 여름형이 두 번 나온다. 먹이 식물은 산초나무, 탱자나무 등이며 번데기로 겨울을 난다.

촬영 노트

내가 근무한 박물관 주변에는 말 방목장인 넓은 숲이 있다. 그래서 관사에서 몇 발걸음만 그쪽으로 넘어가면 노란 남방노랑나비들이 풀풀 날으는 숲에 들어서게 되었다. 가슴 뛰게 하는 나비의 세계에 그렇게 쉽게 도달할 수 있었다. 7월 중순에 익모초 군락지에 붉은 꽃이 피면 수많은 호랑나비가 꿀을 빨려고 모여들었다. 개체 밀도가 높다 보니 상호작용이 일어나 다른 곳에서는 보기 힘든 여러 장면을 볼 수 있었다. 석양에 암·수컷이 마주 보며 꿀 빠는 장면, 암컷이 나르면 수컷들이 우르르 따라 날으는 장면, 배초향꽃 무덤을 향해 빨대를 내밀고 무리 지어 나는 장면, 그리고 수컷들이 텃세 부리며 하늘 높이 날으는 장면 등 다양한 장면들을 사진에 담았다. 제주에 오래 머물며 촬영했기에 가능한 일이었다. 평범한 나비지만 한 장 한 장 다 소중한 사진들이라 3면에 걸쳐 수록하였다.

호6-8. 구애 비행하는 호랑나비들.
맨 아래가 암컷. 제주 애월

호7. 산호랑나비

밝은 황갈색이라 호랑나비보다 훨씬 밝고 화려하다. 숲에서 사는데 활동 범위가 넓어 산 정상까지도 날아오른다. 쥐땅나무, 산초나무, 엉겅퀴 등의 꽃에서 꿀을 빤다. 수컷은 산 정상에서 활기차게 텃세를 부린다. 제주에서는 드물게 흑화형을 볼 수 있다. 전국 곳곳에 살며 5월 중순에 봄형이 나오고, 7~10월에 여름형이 두 번 나온다. 먹이 식물은 돌미나리, 구릿대, 참당귀이며 번데기로 겨울을 난다.

호8. 긴꼬리제비나비

뒷날개가 길고 날개 선을 따라 고리 모양의 붉은색 무늬가 배열된 크고 날씬한 나비이다. 누리장나무 숲 위에서 나비 길을 형성하며 나는 모습은 장관이다. 잡목림 숲에서 살며 엉겅퀴, 거지덩굴, 나리 등의 꽃에서 꿀을 빨며, 수컷은 무리 지어 축축한 땅바닥에 앉아 물을 빤다. 전국 곳곳에 살며 5월 중순~8월에 3번 나온다. 먹이 식물은 산초나무, 탱자나무 등이며 번데기로 겨울을 난다.

호9. 남방제비나비

긴꼬리제비나비와 비슷하지만 날개 꼬리가 무뚝하다. 수컷은 뒷날개 후각 부위에 붉은 점이 있고 전연에 유백색 띠가 있다. 암컷은 뒷날개 아랫면 후각에서 아외연부를 따라 고리 모양의 붉은 무늬가 아름답게 배열되어 있다. 드물게 날개 꼬리가 없는 개체가 있다. 제주도와 남부 지역에 산다 4월 중순~9월에 두 번 나온다. 먹이 식물은 산초나무, 황벽나무 등이며 번데기로 겨울을 난다.

촬영 노트

제주에는 남방제비나비가 생각처럼 흔하지 않다. 가끔 숲에서 낮게 나는 나비를 보았지만 사진 찍을 틈을 주지 않았다. 그런데 숲에서 보기 힘든 나비가 내 곁으로 왔다. 박물관 나비 생태관에 심어 놓은 란타나꽃에 날아와 날개를 폈다 접었다 하며 꿀을 빨았다. 암컷이 날개를 펼 때는 앞날개의 유백색 줄무늬가 파도치는 듯했다. 또 뒷날개 후각 부위의 붉은색 무늬가 호화스러웠다. 봄형은 밭둑의 광대수염꽃에서 꿀 빠는 수컷을 촬영했다. 그 나비는 잠시 꿀을 빨고 날아 밭을 한 바퀴 선회하고 다시 꽃으로 돌아오기를 한나절 동안 반복했다. 대부도에서 찍은 봄형 수컷 사진이 있는데, 지금은 그 곳에서 볼 수 없다. 그리고 안덕의 금관화 묘목장에 날아와 꿀 빠는 암컷을 촬영한 사진이 있다. 우람하고 아름다워 찍을 때마다 기쁨이 컸다.

호9-6. 란타나꽃에서 꿀 빠는 암컷. 제주 애월

호10. 제비나비

검고 날렵한 모양이 제비를 닮은 나비다. 숲에서 살며 엉겅퀴, 산초나무, 고추나무 등의 꽃에서 꿀을 빤다. 수컷은 산길을 따라 나비 길을 형성하며 산꼭대기에 날아올라 선회하다 흩어지는 습성이 있다. 제주도에는 암컷 앞날개 중앙부에서 외연 쪽으로 유백색 빗살 띠가 넓게 발달한 개체가 있다. 전국 곳곳에 살며 4월 중순~9월에 2~3번 나온다. 먹이 식물은 산초나무, 머귀나무 등이며 번데기로 겨울을 난다.

호11. 산제비나비

제주도 나비 도감을 내신 분이 한국 나비 중에서 가장 아름다운 나비를 꼽으라면 제주의 봄형 산제비나비라고 했다. 그만큼 색채가 고운 아름다운 나비다. 특히 제주산은 남보라색이 짙게 나타나며 앞날개의 유백색 띠가 윤기가 나며 색상이 강하다. 간혹 유백색 띠가 넓게 발달한 개체가 있다. 울릉도산 여름형은 봄형처럼 뒷날개의 청색 띠가 연결되어 있다. 산초나무, 엉겅퀴 등의 꽃에서 꿀을 빨며 수컷은 물기 있는 땅바닥에 잘 앉는다. 전국 곳곳에 살며 4월 중순에 봄형, 7월 초순에 여름형이 나온다. 먹이 식물은 황벽나무, 머귀나무 등이며 번데기로 겨울을 난다.

촬영 노트

나는 프시케월드에 근무하는 동안 박물관 뒤뜰에 붓들레아 꽃길을 조성했다. 자연 상태에서 나비들이 꽃에서 꿀 빠는 장면을 볼 수 있게 하기 위해서다. 그곳에 참으로 많은 나비가 날아왔다. 각종 제비나비와 호랑나비들 그리고 멋쟁이나비, 남방노랑나비 등이 날아와 꿀을 빠는 모습은 장관이었다. 가끔 숲에서 보기 힘든 산제비나비도 날아왔는데 색깔이 곱고 아름다웠다. 사진을 찍고 암컷은 채집하여 생태관에 풀어 놓았다. 이듬해 봄형들이 우화해 나왔다. 그 나비들이 유채꽃에서 꿀 빠는 장면을 보고 사람들이 감탄했다. 그중 앞날개의 유백색 띠가 넓은 암컷이 나와 꿀 빠는 장면을 촬영하여 그 사진을 수록했다. 그리고 누리장나무꽃에서 꿀 빠는 암컷 사진을 수록하여 계절형의 차이와 지역 변이를 비교할 수 있도록 했다. 내륙 산으로는 광덕산에서 촬영한 누리장나무에서 꿀 빠는 수컷 사진을 수록했다.

호11-5. 붓들레아꽃에서 꿀 빠는 암컷. 제주 애월

호12. 무늬박이제비나비

전에는 미접으로 취급하던 나비다. 오래전 거제에 근무하던 제자가 육지에서 가까운 지심도에 가서 봄형을 채집했다. 그 후 섬을 여러 차례 드나들며 여름형까지 확인한 후, 그곳에 정착한 나비 같다고 했다. 그 후 여러 사람의 확인을 거쳐 《원색한국나비도감》 개정증보판에 봄형과 여름형 암·수컷 사진을 넣어 토착종으로 수록하였다. 뒷날개에 큰 유백색 무늬가 있어 이국적인 멋을 지닌 나비이다. 산초나무, 엉겅퀴 등의 꽃에서 꿀을 빤다. 경남과 부산 등 남부 일부 지역에 산다. 4월 중순에 봄형, 7월에 여름형이 나온다. 먹이 식물은 산초나무, 탱자나무 등이며 번데기로 겨울을 난다.

호13. 청띠제비나비

바다색 푸른 띠가 남국 나비의 이미지를 물씬 느끼게 한다. 후박나무, 녹나무 등 상록활엽수림에 살며 엉겅퀴, 산초나무, 산철쭉 등의 꽃에서 빠르게 날갯짓을 하며 꿀을 빤다. 봄형은 청색 띠가 여름형보다 넓고 색상이 옅다. 수컷은 무리 지어 땅바닥에 앉아 물을 빨며 나무의 높은 곳에 자리 잡고 텃세를 부린다. 제주와 남해안 지역 그리고 울릉도에 산다. 5월 초순 봄형, 6월 하순~9월에 여름형이 두 번 나온다. 먹이 식물은 후박나무, 녹나무 등이며 번데기로 겨울을 난다.

촬영 노트

붓들레아 꽃길에는 청띠제비나비가 많이 날아왔는데 초가을에 개체 수가 많았다. 나는 이른 저녁을 먹고 그곳으로 가서 자리 잡고 앉아 많은 사진을 찍었다. 또 카메라를 메고 해 질 무렵 숲에도 자주 갔다. 석양에 산초나무꽃은 황금색으로 물들고 그곳에 여러 종류의 나비들이 모여들어 분주히 꿀을 빨았다. 한 번은 청띠제비나비가 날아와 꿀 빨고 있는 네발나비를 덮치고 앉아 꿀 빠는 희한한 장면을 보고 촬영했다. 어느 날 해 떠오를 무렵에 숲에 가다가 거지덩굴꽃을 향해 정면으로 날아오는 것을 보고 촬영했다. 그 사진은 순간 포착이 잘 되어 수록했다.

호13-7. 거지덩굴에서 꿀 빠는 수컷. 제주 서귀포

흰나비과

Pieridae

흰3-5. 남방노랑나비 수컷

흰색과 노란색인 중형 나비들이다. 날개에는 검정 테두리와 점무늬가 있어 빛을 받아들여 체온을 높인다. 초원에서 살며 꽃을 찾아 꿀을 빠는 방화성 나비들이다. 수컷은 무리 지어 습한 땅바닥에서 물을 빤다. 큰줄흰나비와 노랑나비 등은 수컷이 접근하면 암컷이 배 끝을 들어 올려 짝짓기 거부 행동을 하는데 다른 과의 나비에서는 볼 수 없는 특이한 행동이다. 줄흰나비는 산지성(山地性)으로 산의 높은 지역의 풀밭에서만 볼 수 있다. 또한, 이 나비는 무리 지어 절벽 면에 앉아 물을 빠는 습성이 있다. 세계에 1,200여 종이 분포한다. 남한에는 기생나비아과(Dismorphinae) 2종, 노랑나비아과(Coliadinae) 5종, 흰나비아과(Pierinae) 7종, 총 14종이 분포한다. 이 중 상제나비는 30여 년 전에 영월 지역에서 간간이 볼 수 있었으나 멸종된 것으로 추정된다. 북한 국지 종은 연주노랑나비, 눈나비 등 5종이다.

한살이 (생활사)

한4. 노랑나비 알

알

방추형이고 표면에 줄무늬가 있다. 유백색이 많지만 주황색도 있는데 시간이 지나면 색이 변한다. 암컷은 먹이 식물의 잎이나 줄기, 꽃 봉오리에 한 개씩 알을 낳는다. 상제나비는 한 곳에 알을 많이 낳아 알 덩어리를 이룬다.

애벌레

길고 가는 원통형이다. 먹이 식물과 같은 녹색이어서 보호색이다. 풀흰나비 애벌레는 몸에 노란색 줄무늬가 있다. 상제나비 애벌레는 실을 내서 엮어 집을 만들어 집단생활을 하나, 그 외 종류는 단독 생활 한다.

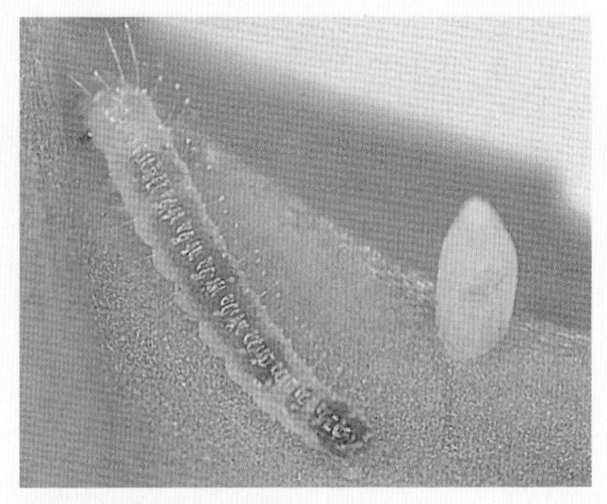

한5. 큰줄흰나비 애벌레

한6. 남방노랑나비 번데기

번데기

대용(帶蛹)으로 먹이 식물이과 그 주변의 식물, 민가 벽에서 관찰된다. 연초록색이 많지만 흑갈색인 종류도 있다. 갈고리나비 등은 머리 앞에 긴 뿔 모양 돌기가 있다.

기생나비

Leptidea amurensis Ménétriès, 1859

흰1-1. 조뱅이꽃에서 꿀 빠는 수컷. 강원 쌍용 09.6.12

흰1-2. 익모초꽃에서 꿀 빠는 암컷. 강원 횡성 12.9.7. 협찬 백문기

북방기생나비

Leptidea morsei (Fenton), 1881)

흰2-1. 쉬고 있는 수컷. 강원 해산 10.7.12

흰2-2. 붉은토끼풀꽃에서 꿀 빠는 암컷. 강원 해산 10.7.9

남방노랑나비 1

Eurema mandarina (de I' Orza. 1869)

흰3-1. 비상하는 수컷. 제주 애월 10.10.6

남방노랑나비 2

흰3-2. 오리방풀꽃으로 날아드는 가을형 수컷. 제주 애월 08.9.8

흰3-3. 짝짓기. 제주 애월 11.9.15

흰3-4. 무리 지어 물 빠는 수컷들. 제주 애월 08.8.27

극남노랑나비 1

Eurema laeta (Boisduval, 1836)

흰4-1. 비상하는 수컷. 제주 애월 12.9.20

극남노랑나비 2

흰4-2. 배초향꽃에서 꿀 빠는 가을형 수컷.
제주 애월 08.11.4

흰4-3. 오리방풀꽃에서 꿀 빠는 가을형 암컷.
제주 애월 08.10.8

흰4-4. 짝짓기. 제주 애월 09.8.26

멧노랑나비

Eurema laeta (Boisduval, 1836)

흰5-1. 엉겅퀴꽃에서 꿀 빠는 수컷.
강원 양구 11.8.11

흰5-2. 큰금계국꽃에서 꿀 빠는 암컷.
강원 해산 06.7.17

흰5-3. 쥐오줌풀꽃에서 꿀 빠는 월동형 암컷. 강원 쌍용 12.4.17

각시멧노랑나비

Gonepteryx asepasia (Ménétriès, 1855)

흰6-1. 꿀풀꽃에서 꿀 빠는 수컷.
강원 쌍용 01.6.12

흰6-2. 애기똥풀꽃에서 꿀 빠는 수컷.
경기 정개산 13.6.21

흰6-3. 구절초꽃에서 꿀 빠는 암컷. 강원 계방산 91.9.1

노랑나비 1

Colias erate (Esper,1805)

흰7-1. 구애 행동(앞-수컷, 뒤-암컷). 경기 오이도 08.7.25

노랑나비 2

흰7-2. 개망초꽃에서 꿀 빠는 수컷.
경기 오이도 06.7.20

흰7-3. 개망초꽃에서 꿀 빠는 암컷.
경기 오이도 06.7.20

흰7-4. 짝짓기. 경기 화야산 08.10.8

갈구리나비 1

Anthocharis scolymus (Butler, 1866)

흰8-1. 장다리꽃에서 꿀 빠는 수컷. 제주 애월 09.4.28

갈구리나비 2

흰8-2. 줄딸기꽃에서 꿀 빠는 수컷.
제주 09.4.22

흰8-3. 짝짓기(1). 제주 애월 09.4.25

흰8-4. 짝짓기(2). 제주 애월 09.4.25

상제나비

Aporia crataegi (Linnaeus. 1758)

흰9-1. 토끼풀꽃에서 꿀 빠는 수컷.
강원 쌍용 91.6.5. 협찬 이원규

흰 9-2. 갈퀴나물꽃에서 꿀 빠는 수컷.
몽골 15.6.30. 협찬 이용상

흰9-3. 짝짓기. 강원 쌍용 90.6.3. 협찬 김성수

배추흰나비 1

Pieris rapae (Linnaeus. 1758)

흰10-1. 꽃에서 꿀 빠는 암컷. 제주 애월 15.7.12

배추흰나비 2

흰10-2. 큰엉겅퀴꽃에서 꿀 빠는 암컷.
경남 고성 98.7.23

흰10-3. 짝짓기. 경기 성남 탄천 09.8.22

흰10-4. 혼인비행. 제주 애월 12.6.28

흰10-5. 산란. 제주 애월 04.6.24

대만흰나비

Pieris canidia (Linnaeus. 1768)

흰11-1. 개망초꽃에서 꿀 빠는 수컷
서울 관악산 06.6.12

흰11-2. 꼬리조팝나무꽃에서 꿀 빠는 암컷.
서울 도림천 18.7.23

흰11-3. 짝짓기. 경기 청계산 06.7.10

줄흰나비

Pieris dulcina (Butler 1882)

흰12-1. 설앵초꽃에서 꿀 빠는 봄형 수컷.
제주 한라산 12.5.21

흰12-2. 가시엉겅퀴꽃에서 꿀 빠는 암컷.
제주 한라산 08.7.30

흰12-3. 절벽에서 무리 지어 물 빠는 수컷들. 강원 광덕산 11.7.1

큰줄흰나비

Pieris melete (Ménétriès, 1857)

흰13-1. 벌깨 덩굴 꽃에서 꿀 빠는 수컷.
경기 화야산 12.5.15

흰13-2. 암컷의 짝짓기 거부 행동.
제주 애월 13.7.23

흰13-3. 짝짓기. 제주 애월 13.7.23

풀흰나비 1

Pontia edusa (Fabricius 1777)

흰14-1. 붉은토끼풀꽃에서 꿀 빠는 수컷. 오이도 16.6.12

풀흰나비 2

흰14-2. 개망초꽃에서 꿀 빠는 암컷. 경기 오이도 16.6.12

흰14-3. 붉은토끼풀꽃에서 꿀 빠는 암컷. 경기 오이도 16.6.12

흰나비과(Pieridae) 나비의 형태·생태설명과 촬영 노트

흰1. 기생나비

옛 기녀들이 입던 저고리 소매처럼 길고 가늘어 붙여진 이름 같다. 어떤 이는 나는 모양이 가련하여 붙여진 이름이라고도 한다. 야산 주변의 풀밭에 살며 제비꽃, 개망초, 갈퀴나물 등의 꽃에서 꿀을 빤다. 봄형은 여름형보다 작으며 날개 색이 어둡고 앞날개 끝의 검은색 무늬의 색이 옅다. 중부 이북 지역에 사는데 요즘은 개체 수가 줄어 보기 어렵다. 4월 하순에 봄형, 6월~9월에 여름형이 2~3번 나온다. 먹이 식물은 갈퀴나물이며 번데기로 겨울을 난다.

흰2. 북방기생나비

기생나비와 비슷하나 앞날개 끝이 둥글고 날개 끝의 검은색 무늬의 색상이 옅다. 그리고 뒷날개 아랫면에 두 줄의 검은색 선이 있다. 풀밭에서 연약하게 날아다니며 제비꽃, 갈퀴나물, 개망초 등의 꽃에서 꿀을 빤다. 경기 이북 지역에 살며 4월 하순에 봄형이 나오고, 6월 중순~8월에 여름형이 2 ~3회 나온다. 먹이 식물은 갈퀴나물이며 번데기로 겨울을 난다.

흰3. 남방노랑나비

노랗고 작은 예쁜 나비다. 앞날개 끝에 검은색 테에 패인 곳이 있다. 늦가을형은 날개 끝의 검은색 테가 좁은데 아주 없는 개체도 있다. 풀밭에서 조용히 날아다니며 개망초, 민들레, 엉겅퀴 등의 꽃에서 꿀을 빤다. 수컷은 무리지어 땅바닥에 앉아 물을 빤다. 제주와 울릉도, 그리고 남부 지역에 산다. 5월 중순~9월에 세 번 나오는데 10월 이후에는 늦가을형이 나온다. 먹이 식물은 비수리, 자귀나무, 조록싸리 등이며 어른벌레로 겨울을 난다.

촬영 노트

제주도에는 아주 흔한 나비다. 그러나 흔한 나비라도 좋은 사진을 찍으면 기쁘다. 이것이 채집과 다른 점이다. 박물관의 동물원 앞 도로에서 수십 마리가 무리 지어 물 빠는 장면을 촬영했다. 또 비상하는 장면과 짝짓기하는 장면도 여러 장 촬영했다. 그리고 늦가을형(만추형)이 털머위, 오리방풀꽃에서 꿀 빠는 장면도 욕심내어 촬영했다. 늦가을형은 날개 끝의 검은색 무늬가 작아지고 날개 아랫면에 갈색 반점이 생긴다. 이런 계절적 변이도 흥미로워 단계별로 사진을 찍었다. 제주에 오래 머물며 촬영한 다양한 사진들이다.

흰3-7. 오리방풀꽃에서 꿀 빠는 늦가을형 수컷. 제주 애월

흰4. 극남노랑나비

남방노랑나비보다 더 남쪽에 산다는 뜻으로 붙어진 이름이지만 같이 산다. 앞날개 끝이 날카로우며 검은색 테는 패인 곳이 없다. 낮은 산의 풀밭에 살며 괭이밥, 싸리, 개망초꽃에서 꿀을 빤다. 수컷은 습한 땅에서 물을 빤다. 가을형은 날개 아랫면 황갈색이 짙다. 마른 억새풀 등에서 자리 잡고 집단으로 겨울을 난다. 제주와 중부 이남 지역에 산다. 5월 중순~11월에 3~4 번 나온다. 먹이 식물은 비수리, 차풀이며 어른벌레로 겨울을 난다.

흰5. 멧노랑나비

흰나비과 나비 중 가장 크고 아름답다. 수컷은 짙은 노란색에 앞뒤 날개 중앙부에 붉은색 점이 있다. 암컷은 연두색이다. 산의 풀밭에 살며 엉겅퀴, 쥐손이풀, 수리취 등의 꽃에서 꿀을 빤다. 수컷은 땅바닥에서 앉아 물을 빤다. 한여름에는 여름잠을 잔 후 초가을에 깨어나 활동한다. 중부 이북 지역에 살며 6월 하순에 한 번 나온다. 먹이 식물은 갈매나무이며 어른벌레로 겨울을 난다.

흰6. 각시멧노랑나비

멧노랑나비보다 색상이 옅고 날개 끝이 더 뾰족하다. 그리고 앞뒤 날개의 붉은 점이 작다. 숲에 살며 큰까치수영, 꿀풀, 엉겅퀴 등의 꽃에서 꿀을 빤다. 수컷은 땅바닥에 무리 지어 앉아 물을 빤다. 한여름에는 여름잠을 자고 초가을에 깨어나 활동한다. 중부 이북 지역에 살며 6월 중순에 한 번 나온다. 제주와 남해안 지역을 제외한 전국에 산다. 먹이 식물은 갈매나무이며 어른벌레로 겨울을 난다.

흰7. 노랑나비

흔하지만 샛노란 색의 날개 끝에 검은색 테두리가 있어 산뜻하다. 암컷 중에는 흰색인 개체도 있다. 산과 제방, 전답 주변 등의 풀밭에 산다. 빠르게 날아다니며 개망초, 엉겅퀴, 토끼풀 등의 꽃에서 꿀을 빤다. 전국 곳곳에 살며 4월 초순~10월에 3~4 번 나온다. 먹이 식물은 토끼풀, 아카시나무이며 번데기로 겨울을 난다.

흰8. 갈구리나비

날개 끝이 갈고리처럼 구부러지고 뾰족한 작은 나비다. 앞날개 끝에 검은색 테두리가 있는데, 수컷은 테두리에 주황색 무늬가 있어 산뜻하고 예쁘다. 산기슭과 전답 주변 등의 풀밭에 산다. 가녀리게 날아다니며 냉이, 민들레, 산딸기 등의 꽃에서 꿀을 빤다. 제주를 포함한 전국 곳곳에 살며 4월 중순에 한 번 나온다. 먹이 식물은 장대나물, 냉이 등이며 번데기로 겨울을 난다

흰9. 상제나비

부모 여윈 상주의 무명 상복처럼 희고 정결한 색상이라 붙여진 이름이다. 30여 년 전에는 쌍용의 새술막 등 영월 지역에서 간간이 보였으나 지금은 멸종된 듯하다. 산의 잡목림 숲에서 살지만 밭가나 민가 주변에서도 날아다닌다. 엉겅퀴, 조뱅이, 토끼풀 등의 꽃에서 꿀을 빨며 수컷은 땅바닥에 앉아 물을 빤다. 주변에 나는 나비가 있으면 쫓아가며 텃세를 부린다. 5월 중순에 한 번 나오고, 먹이 식물은 개살구이며 애벌레로 겨울을 난다.

흰10. 배추흰나비

흰색이며 날개 끝에 삼각형의 검은색 무늬가 있다. 배추, 무밭 등 채소밭 주변에서 많이 볼 수 있는 우리와 친숙한 나비다. 애벌레가 배추, 무 등 채소잎을 갉아 먹어 농민들의 미움을 산다. 장다리, 토끼풀, 엉겅퀴 등의 꽃에서 꿀을 빤다. 전국 곳곳에 살며 4월 초순~10월에 3~4 번 나오며 번데기로 겨울을 난다.

촬영 노트

이 책을 계획하면서 고심했던 일 중의 하나가 배추흰나비처럼 평범하고 흔한 나비의 면(Plat)을 어떻게 구성할까 하는 점이었다. 많은 사진 중 어떤 것을 골라 수록하여 의미를 부여하고 역점을 줄 수 있을까 하고 많은 생각을 했다. 우선 꽃에서 꿀 빠는 장면 중 꽃과 잘 조화를 이룬 암·수컷 사진을 선정했다. 그리고 짝짓기하는 사진 중 암컷 날개 아랫면이 유난히 노란색인 사진이 특별해서 선정했다. 또 짝짓기한 수컷이 암컷을 매달고 나는 혼인비행 사진과 알 낳는 사진을 골라 수록했다. 배추흰나비의 생태를 연작 사진으로 구성했다는 점에서 흡족한 생각이 들었다.

흰 10-2. 큰엉겅퀴꽃에서 꿀 빠는 암컷. 충남 보령

흰11. 대만흰나비

배추흰나비와 비슷하지만 앞날개 끝의 검은색 무늬에 굴곡이 있어 구별된다. 암컷은 날개 선을 따라 검은색 점들이 배열되어 있다. 야산 주변의 풀밭에 살며 냉이, 개망초, 산딸기 등의 꽃에서 꿀을 빤다. 제주를 제외한 전국 곳곳에 산다. 4월 중순에 봄형이 나오고, 5월 하순~10월에 3~4회 더 나온다. 먹이 식물은 냉이, 무, 유채 등이며 번데기로 겨울을 난다.

흰12. 줄흰나비

큰줄흰나비와 비슷하나 앞날개 아랫면 전연부에 검은색 가루가 없어 깨끗하게 보인다. 주로 산의 능선과 정상 부근에 산다. 수컷은 산길 옆의 절벽 면에 무리 지어 앉아 물을 빤다. 큰까치수영, 개망초, 엉겅퀴 등의 꽃에서 꿀을 빤다. 경기와 강원의 일부 지역과 전남의 지리산과 제주의 한라산에 산다. 4월 중순에 봄형이 나오고, 6~9월 사이에 여름형이 2~3번 나온다. 먹이 식물은 냉이 종류이며 번데기로 겨울을 난다.

흰13. 큰줄흰나비

흰색이며 날개 맥을 따라 검은색 줄이 있다. 암컷은 앞날개에 검은색 줄과 무늬가 발달하여 어둡게 보인다. 야산의 숲과 전답, 마을 주변의 풀밭에 산다. 풀밭에서 천천히 날아다니며 개망초, 꿀풀, 엉겅퀴 등의 꽃에 꿀을 빤다. 수컷은 땅바닥에 무리 지어 앉아 물을 빤다. 제주를 포함한 전국 곳곳에 산다. 4월 중순~10월에 3~4번 나온다. 먹이 식물은 냉이, 무, 배추 등이며 번데기로 겨울을 난다.

흰14. 풀흰나비

흰색이며 날개 끝에 흰색 점이 있는 검은색 무늬가 있다. 뒷날개 아랫면에는 암녹색의 얼룩 무늬가 있다. 비교적 귀한 나비로 주로 낮은 지대의 풀밭에 살며 토끼풀, 개망초, 민들레 등의 꽃에서 꿀을 빤다. 제주와 남해안 지역을 제외한 전국에 국지적으로 살고 있다. 4월 중순에 봄형이 나오고, 6~10월에 여름형이 2~3번 나온다. 먹이 식물은 꽃장대, 콩다닥냉이이며 번데기로 겨울을 난다.

촬영 노트

비교적 보기 힘든 나비라 사진을 찍기까지 애를 먹었다. 가깝게 지내는 분이 성남 탄천에서 채집했다 하여 찾아갔지만 보지 못했다. 영종도에서 찍은 사진이 인터넷에 올라와 가 보았지만 역시 헛일이었다. 그 후 오이도에서 보았는데 지금은 선사시대 유적지 공원으로 변한 곳이다. 봄형, 여름형 다 보았으나 좋은 사진을 찍지 못했다. 그러다 어느 해 오이도 옥구공원 풀밭에서 적기에 만나 좋은 사진을 실컷 찍었다. 봄철 개망초꽃과 붉은토끼풀꽃이 만개한 넓은 공지에 몇 마리가 날아다녔다. 나비들은 꽃에서 잠깐 꿀을 빨고 날아 주변을 빙 돌고 와서 또 꽃에 오곤 했다. 아내와 함께 실컷 찍었다. 암컷, 수컷, 날개 접고 꿀 빠는 것, 날개 편 것, 개망초꽃에서 꿀 빠는 것, 붉은토끼풀꽃에서 꿀 빠는 것, 많이많이 찍고 나서 "오늘로 풀흰나비는 졸업했다"라고 생각했다 나비 사진 찍는 사람들이 만족스런 사진을 찍은 후에 "오늘로", "무슨 나비는 졸업했다"라는 것은 더 이상 그 나비로 애를 안 써도 되겠다는 후련함과 함께 도전할 대상이 한 종류 사라졌다는 아쉬운 마음이기도 하다.

흰14-4. 개망초꽃에서 꿀 빠는 수컷. 오이도

부전나비과

Lcaenidae

부40-2. 큰주홍부전나비 암컷

옛 여인들의 저고리에 부착하던 작은 장식품인 부전처럼 작고 아름다운 나비들이다. 청람색, 주황색, 붉은색 등 다양한 색상이며 많은 종류는 금속성 광택을 띤다. 꽃을 찾아 꿀을 빠는 방화성 나비가 많지만 녹색부전나비류 등 많은 종류는 꽃을 찾지 않는다. 많은 종류의 애벌레는 개미와 공생하는데 다른 과에서 볼 수 없는 특이한 생존 방법이다. 이런 나비 중 담흑부전나비는 일본왕개미 집으로 옮겨져 그곳에서 공생하며 자란 후 우화하여 나온다. 바둑돌부전나비는 일본납작진딧물의 분비물을 빨아먹는 특이한 먹이 습성이다. 세계에는 6,000여 종이 분포한다. 남한에는 바둑돌부전나비아과(Miletinae) 1종, 녹색부전나비아과(Theclinae) 37종, 주홍부전나비아과(Lycaeninae) 2종, 부전나비아과(Polyomnatinae) 18종, 총 58종이 분포한다. 이 중 산부전나비와 북방점박이푸른부전나비는 멸종된 것으로 추정된다. 북한 국지 종은 남주홍부전나비, 백두산부전나비 등 17종이 있다.

한살이 (생활사)

한7. 푸른부전나비 알

알

유백색이며 밑면이 납작한 구형이다. 정공을 중심으로 동심원으로 작은 돌기들이 배열되어 있다. 암컷은 먹이 식물의 잎눈 밑이나 줄기 틈에 1개~여러 개씩 알을 낳는다.

애벌레

베틀의 북처럼 납작한 모양이다. 머리와 다리는 작아서 잘 보이지 않는다. 개미와 공생하는 종류가 많다. 애벌레 등의 분비샘에서 액체를 분비해 개미에게 주고 개미는 천적의 공격을 막아 준다. 몇 종류의 애벌레는 개미집으로 옮겨져 개미와 공생하며 자란 후 용화(踊化)한다.

한8. 붉은띠귤빛부전나비 애벌레

한9. 민꼬리까마귀부전나비 번데기

번데기

길쭉한 구형으로 돌기는 없다. 대용으로 나무줄기나 잎 뒷면 혹은 낙엽 밑에서 볼 수 있다. 개미와 공생하는 종류 중에는 개미집에서 용화하기도 한다.

바둑돌부전나비 1

Taraka hamada (H, Druce, 1675)

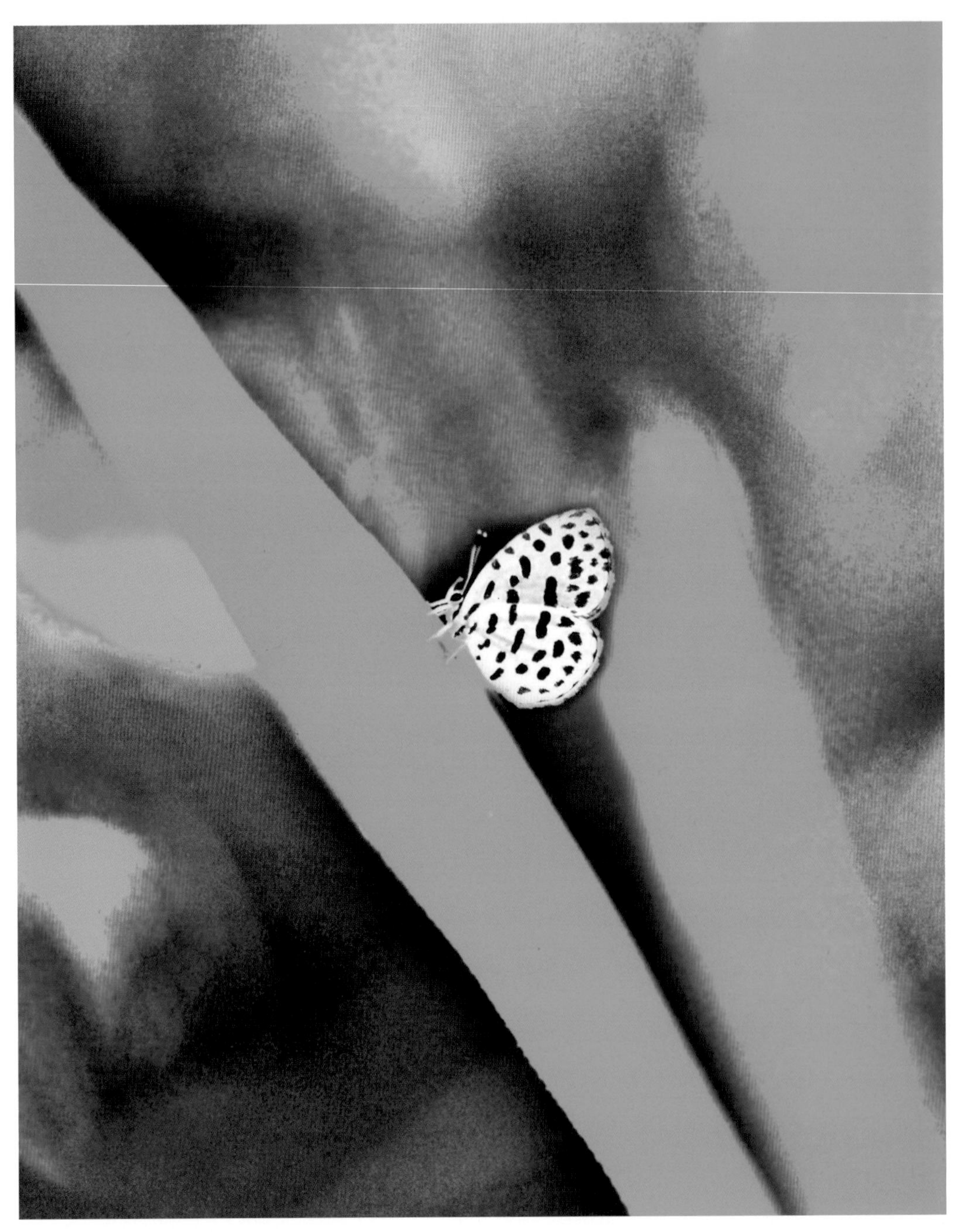

부1-1. 햇볕을 쬐는 수컷. 경북 울진 09.8.1

바둑돌부전나비 2

부1-2. 햇볕 쬐는 암컷. 경기 오이도 17.7.12

부1-3. 일본납작진딧물에서 분비물을 빠는 암컷.
경북 울진 09.8.1

부1-4. 짝짓기. 전남 무등산 09.8.2. 협찬 최수철

남방남색부전나비 1

Arhopala japonica (Murray, 1875)

부2-1. 텃세 부리는 수컷. 제주 조천. 선흘리 08.10.20

남방남색부전나비 2

부2-2. 햇볕 쬐는 암컷.
제주 조천. 선흘리 12.11.18

부2-3. 쉬고 있는 암컷.
제주 조천. 선흘리 15.7.28

남방남색꼬리부전나비

Arhopala bazalus (Hewitson, 1862)

부3-1. 쉬고 있는 수컷. 제주 구좌읍 비자림 12.10.20. 협찬 정헌천

선녀부전나비

Artopoetes pryeri (Murray, 1873)

부4-1. 햇볕 쬐는 수컷.
경기 화악산 10.6.20. 협찬 전승연

부4-2. 쉬고 있는 수컷. 경기 화악산 10.6.20

부 4-3. 햇볕 쬐는 암컷. 경기 정개산 05 6.18

붉은띠귤빛부전나비 1

Coreana rapaelis (Oberthür, 1881)

부5-1. 쉬고 있는 수컷. 강원 남춘천 12.6.18

붉은띠귤빛부전나비 2

부5-2 쉬고 있는 암컷. 강원 남춘천 12.6.21

부5-3 쉬고 있는 암컷. 강원 남춘천 15.6,23

금강산귤빛부전나비 1

Ussuriana michaelis (Oberthür, 1881)

부6-1. 쉬고 있는 수컷. 강원 남춘천 12.6.13

금강산귤빛부전나비 2

부6-2. 쉬고 있는 암컷. 강원 남춘천 12.6.18

부6-3. 쉬고 있는 암컷. 강원 남춘천 15.6.20

귤빛부전나비

Japonica lutea (Hewitson, 1865)

부7-1. 쉬고 있는 수컷. 강원 남춘천 12.6.13

부7-2. 쉬고 있는 암컷. 경기 청계산 09.6.5

시가도귤빛부전나비

Japonica saepestriata (Hewitson, 1865)

부8-1. 쉬고 있는 수컷. 경기 청계산 09.6.5

부8-2. 토끼풀꽃에서 꿀 빠는 암컷.
경기 청계산 09.6.5

부8-3. 쉬고 있는 암컷. 강원 남춘천 13.6.23

부8-4. 짝짓기. 경기 원적산 80.7.12. 협찬 손상규

민무늬귤빛부전나비

Shilozua jonasi (Janson, 1877)

부9-1. 쉬고 있는 수컷. 강원 양구 05.8.14

부9-2. 짝짓기. 강원 도솔산 01.8.9. 협찬 손상규

암고운부전나비

Thecla betulae (Linnaeus. 1758)

부10-1. 햇볕 쬐는 수컷. 강원 대화 20.6.26

부10-2. 쉬고 있는 수컷. 경기 주금산 05.6.28

부10-3. 쉬고 있는 암컷. 경기 주금산 05.7.18

참나무부전나비

Wagimo signatus (Butler, 1881)

부11-1. 햇볕 쬐는 수컷. 강원 남춘천 12.6.28

부11-2. 쉬고 있는 수컷. 강원 남춘천 12.6.25

부11-3. 쉬고 있는 암컷.
강원 남춘천 16.6.12

긴꼬리부전나비 1

Araragi enthea (Janson, 1877)

부12-1. 쉬고 있는 수컷. 강원 남춘천 12.6.23

긴꼬리부전나비 2

부12-2. 쉬고 있는 수컷. 강원 남춘천 12.6.23

부12-3. 쉬고 있는 암컷. 강원 남춘천 12.6.23

물빛긴꼬리부전나비

Antigius attilia (Bremer, 1886)

부13-1. 쉬고 있는 수컷. 강원 남춘천 12.6.23

부13-2. 쉬고 있는 암컷. 강원 강촌 08.6.27

부13-3. 쉬고 있는 암컷. 강원 강촌 08.6.27

담색긴꼬리부전나비

Antigius butleri (Fenton, 1881)

부14-1. 쉬고 있는 수컷. 강원 남춘천 12.6.28

부14-2. 쉬고 있는 암컷. 경기 청계산 12.7.7

깊은산부전나비 1

Protantigius superans (Oberthür, 1913)

부15-1. 햇볕 쬐는 수컷. 강원 해산 11.7.11

깊은산부전나비 2

부15-2. 쉬고 있는 암컷. 강원 해산 10.7.9. 협찬 전승연

부15-3. 햇볕 쬐는 암컷. 강원 해산 10.6.20

남방녹색부전나비

Chrysozephyrus ataxus (Westwood, 1851)

부16-1. 쉬고 있는 수컷. 전남 두륜산 05.7.10

부16-2. 쉬고 있는 암컷. 전남 두륜산 98.6.25

작은녹색부전나비

Neoozephyrus japonicus (Murray, 1875)

부17-1. 쉬고 있는 수컷. 경기 청계산 10.6.20

부17-2. 쉬고 있는 암컷. 경기 검단산 16.6.24

북방녹색부전나비

Chrysozephyrus brillantinus (Staudinger, 1887)

부18-1. 햇볕 쬐는 수컷. 경기 정개산 09.6.28

부18-2. 쉬고 있는 암컷. 강원 남춘천 16.6.21

암붉은점녹색부전나비 1

Chrysozephyrus smaragdinus (Bremer, 1861)

부19-1. 햇볕 쬐는 수컷. 강원 남춘천 11.6.20

암붉은점녹색부전나비 2

부19-2. 쉬고 있는 수컷. 강원 남춘천 12.6.11

부19-3. 햇볕 쬐는 수컷. 강원 남춘천 12.6.26

부19-4. 햇볕 쬐는 암컷. 강원 남춘천 12.6.26

은날개녹색부전나비

Fvonius saphirinus (Staudinger, 1887)

부20-1. 햇볕 쬐는 수컷. 강원 남춘천 18.6.25

부20-2. 햇볕 쬐는 수컷. 강원 남춘천 12.6.26

부20-3. 햇볕 쬐는 수컷. 강원 남춘천 17.6.25

부20-4. 쉬고 있는 있는 암컷.
경기 화야산 18.7.10. 협찬 이상현

큰녹색부전나비 1

Fvonius orientalis (Murray, 1875)

부21-1. 텃세 부리는 수컷. 경기 정개산 03.6.16

큰녹색부전나비 2

부21-2. 텃세 부리는 수컷. 서울 관악산 18.6.13

부21-3. 쉬고 있는 수컷. 경기 정개산 08.6.13

부21-4. 쉬고 있는 암컷. 경기 정개산 10.6.23

깊은산녹색부전나비

Fvonius korshunovi (Dubatolov & Sergeev, 1982)

부22-1. 햇볕 쬐는 수컷. 강원 남춘천 18.6.18

부22-2. 햇볕 쬐는 암컷. 경기 화야산 12.6.25

부22-3. 햇볕 쬐는 암컷. 경기 청계산 19.6.23

검정녹색부전나비

Fvonius yuasai Shirôzu, 1948

부23-1. 쉬고 있는 수컷. 서울 관악산 05.6. 13

부23-2. 쉬고 있는 암컷. 경기 정개산 06.7.19

금강석녹색부전나비

Fvonius utramarinus (Fixsen, 1887)

부24-1. 햇볕 쬐는 수컷. 경기 고령산 05.6.17

부24-2. 쉬고 있는 암컷. 강원 남춘천 16.6.12

넓은띠녹색부전나비

Fvonius cognatus (Staudinger, 1892)

부25-1. 햇볕 쬐는 수컷. 강원 남춘천 16.6.25

부25-2. 쉬고 있는 암컷. 강원 남춘천 12.6.28

부25-3. 햇볕 쬐는 암컷. 강원 남춘천 12.6.28

산녹색부전나비 1

Fvonius taxila (Bremer, 1861)

부26-1. 텃세 부리는 수컷들. 경기 정개산 07.6.23

산녹색부전나비 2

부26-2. 텃세 부리는 수컷. 강원 해산 11.6.20

부26-3. 햇볕 쬐는 수컷. 경기 청계산 19.6.15

부26-4. 쉬고 있는 암컷. 강원 남춘천 16.6.16

우리녹색부전나비 1

Fvonius koreanus Kim, 2006

부27-1. 텃세 부리는 수컷들. 강원 남춘천 14.7.12. 협찬 이영준

우리녹색부전나비 2

부27-2. 텃세 부리는 수컷. 강원 남춘천 12.6.20

부27-3. 쉬고 있는 암컷. 강원 남춘천 12.6.27

북방쇳빛부전나비

Callophrys frivaldszkyi (Kindermann, 1982)

부28-1. 쉬고 있는 수컷. 강원 쌍용 08.4.15

부28-2. 텃세 부리는 수컷. 강원 쌍용 09.4.12

부28-3. 쉬고 있는 암컷. 강원 쌍용 07.4.18

쇳빛부전나비

Callophrys ferrea (Butler, 1981)

부29-1. 진달래꽃에서 꿀 빠는 수컷. 강원 방태산 06.5.3

부29-2. 얼레지꽃에서 꿀 빠는 암컷. 경기 화야산 04.4.20

범부전나비 1

Rapala caerulea (Bremer & Grey, 1851)

부30-1. 복숭아 꽃에서 꿀 빠는 봄형 수컷. 강원 쌍용 16.4.18

부30-2. 벚꽃에서 꿀 빠는 봄형 암컷. 경기 대부도 17.4.28

범부전나비 2

부30-3. 햇볕 쬐는 봄형 수컷.
경기 화야산 12.4.26

부30-4. 햇볕 쬐는 봄형 수컷.
경기 화야산 05.7.15

부30-5. 쉬고 있는 수컷.
경기 청계산 19.6.28

부30-6. 쉬고 있는 암컷.
경기 화야산 05.7.15

울릉범부전나비 1

Rapala arata (Bremer, 1861)

부31-1. 쥐똥나무꽃에서 꿀 빠는 봄형 암컷. 제주 애월 09.5.15

울릉범부전나비 2

부31-2. 햇볕 쬐는 봄형 수컷. 08.6.12

부31-3. 꿀 빠는 수컷.
제주 서귀포 01.7.25. 협찬 김성수

부31-4. 쥐똥나무꽃에서 꿀 빠는 봄형 암컷. 제주 애월 11.6.21

민꼬리까마귀부전나비

Satyium herzi (Fixsen, 1887)

부32-1. 쉬고 있는 수컷. 경기 화야산 16.4.26

부32-2. 국수나무꽃에서 꿀 빠는 암컷. 경기 화야산 15.5.27

까마귀부전나비 1

Satyium w-album (Knoch, 782)

부33-1. 쉬고 있는 수컷. 강원 남춘천 16.6.15

까마귀부전나비 2

부33-2. 물 빠는 수컷. 강원 남춘천 17.6.22

부33-3. 쉬고 있는 암컷. 강원 남춘천 16.6.23

참까마귀부전나비

Satyium eximia (Fixsen, 1887)

부34-1. 개망초꽃에서 꿀 빠는 수컷 충북. 고명리 15.6.21

부34-2. 개망초꽃에서 꿀 빠는 암컷. 강원 영월 10.7.18. 협찬 백문기

꼬마까마귀부전나비

Satyium prunoides (Staudinger, 1887)

부35-1. 쉬고 있는 수컷. 강원 대관령 09.7.3

부35-2. 쉬고 있는 암컷. 강원 대관령 09.7.3

벚나무까마귀부전나비

Satyium pruni (Linnaeus. 1768)

부36-1. 쉬고 있는 수컷. 경기 화야산 04.5.15

부36-2. 쉬고 있는 암컷. 강원 남춘천 17.5.22

북방까마귀부전나비

Satyium latior (Fixsen, 1887)

부37-1. 개망초꽃에서 꿀 빠는 수컷. 충북 유암리 08.6.20. 협찬 오해용

부37-2. 쉬고 있는 암컷. 강원 쌍용 02.6.21

쌍꼬리부전나비

Spindasis tatanonis (Matsumura, 1906)

부38-1. 햇볕 쬐는 수컷. 경기 정개산 17.6.15

부38-2. 쉬고 있는 암컷. 경기 정개산 06.6.30

부38-3. 개망초꽃에서 꿀 빠는 암컷.
서울 관악산 18.6.18

작은주홍부전나비 1

Lycaena phlaeas (Linnaeus. 1761)

부39-1. 멍석딸기꽃에서 꿀 빠는 수컷. 제주 어음 07.6.25

작은주홍부전나비 2

부39-2. 톱풀꽃에서 꿀 빠는 암컷.
제주 애월 15.7.12

부39-3. 유채꽃에서 꿀 빠는 암컷.
제주 애월 15.7.12

부39-4. 짝짓기. 제주 애월 11.6.20

큰주홍부전나비 1

Lycaena dispar (Faworth, 1803)

부40-1. 개망초꽃에서 꿀 빠는 수컷. 경기 오이도 11.7.5

큰주홍부전나비 2

부40-2. 조뱅이꽃에서 꿀 빠는 암컷.
경기 오이도 02.6.25

부40-3. 구애 행동 (앞-수컷, 위-암컷).
경기 오이도 13.7.10

부40-4. 짝짓기. 경기 오이도 09.5.18

담흑부전나비 1

Nihanada fusca (Bremer & Grey, 1853)

부41-1. 산딸기꽃에서 꿀 빠는 암컷. 제주 애월 05.6.18

담흑부전나비 2

부41-2. 개망초꽃에서 꿀 빠는 수컷.
제주 애월 05.6.28

부41-3. 햇볕 쬐는 암컷. 제주 애월 05.6.24

부41-4. 쉬고 있는 암컷. 제주 애월 08.6.20

부41-5. 짝짓기. 제주 애월 10.6.24

물결부전나비

Lampides boeticus (Linnaeus. 1767)

부42-1. 고삼꽃에서 꿀 빠는 수컷. 제주 애월 08.7.5

부42-2. 쉬고 있는 암컷. 제주 애월 13.6.28

부42-3. 오리방풀꽃에서 꿀 빠는 암컷. 제주 애월 09.10.6

남방부전나비

Pseudo zizeeria (Kollar, 1844)

부43-1. 햇볕 쬐는 수컷. 제주 애월 14.10.26

부43-2. 이질풀꽃에서 꿀 빠는 암컷. 제주 애월 14.6.26

부43-3. 짝짓기. 제주 애월 07.6.28

극남부전나비

Zizina emelina (de l'Orza,1869)

부44-1. 토끼풀꽃에서 꿀 빠는 수컷. 경북 감포 97.5.9

부44-2. 짝짓기. 경북 울진 07.5.20. 협찬 김성수

푸른부전나비

Celastrina argiolus (Linnaeus. 1758)

부45-1. 고삼꽃에서 꿀 빠는 수컷. 제주 애월 09.4.29

부45-2. 햇볕 쬐는 암컷. 제주 애월 09.4.29

부45-3. 짝짓기. 제주 애월 08.8.12

산푸른부전나비

Celastrina sugitanii (Matsumura, 1919)

부46-1. 물 빠는 수컷들. 경기 화야산 11.5.2

부46-2. 쉬고 있는 암컷. 경기 양평 13.4.21

회령푸른부전나비

Celastrina oreas (Leech.1893)

부47-1. 멍석딸기꽃에서 꿀 빠는 수컷. 강원 쌍용 92.6.4.

부47-2. 토끼풀꽃에서 꿀 빠는 암컷.
강원 쌍용 92.6.4.

부47-3. 무리 지어 물 빠는 수컷들.
강원 영월 18.6.21

암먹부전나비

Cupido argiades (Pallas, 1771)

부48-1. 멍석딸기꽃에서 꿀 빠는 수컷.
제주 애월 09.6.5

부48-2. 토끼풀꽃에서 꿀 빠는 암컷.
제주 애월 09.7.17

부48-3. 짝짓기. 제주 애월 09.7.17

먹부전나비

Tongeia fischeri (Eversmann, 1843)

부49-1. 맨드라미꽃에서 꿀 빠는 수컷. 서울 11.8.29

부49-2. 누드베키아꽃에서 꿀 빠는 수컷.
강원 둔내 12.7.6

부49-3. 겹꽃삼잎국화꽃에서 꿀 빠는 암컷.
강원 둔내 12.7.6

작은홍띠점박이푸른부전나비

Scolitantides orion (Pallas, 1771)

부50-1. 쉬고 있는 수컷. 강원 쌍용 10.5.24

부50-2. 냉이꽃에서 꿀 빠는 암컷. 강원 남춘천 16.5.10

큰홍띠점박이푸른부전나비

Shijmiaeoides divina (Fixsen, 1887)

부51-1. 조뱅이꽃에서 꿀 빠는 수컷. 충북 고명리 11.6.11

부51-2. 쉬고 있는 암컷. 강원 영월 07.7.6

부51-3. 햇볕 쬐는 암컷. 충북 고명리 11.6.2. 협찬 오해용

산꼬마부전나비 1

Plebejus argus (Linnaeus. 1758)

부52-1. 구상나무에서 짝짓기. 제주 한라산 08.7.30

산꼬마부전나비 2

부52-2. 두메층층이꽃에서 꿀 빠는 암컷(위)과 수컷(아래). 제주 한라산 08.7.30

부52-3. 두메층층이꽃에서 꿀 빠는 암·수컷. 제주 한라산 08.7.3

부전나비

Plebejus argyeognomon (Bergsträsser, 1779)

부 53-1. 붉은토끼풀꽃에서 꿀 빠는 수컷. 경기 양수리 08.7.15

부53-2. 햇볕을 쬐는 암컷. 경기 성남 탄천 09.8.17

부53-3. 짝짓기. 경기 성남 탄천 09. 8.17

소철꼬리부전나비 1

Chilades pandava (Horfield, 1829)

부54-1. 이질풀꽃에서 꿀 빠는 수컷. 제주 안덕 10.10.16

소철꼬리부전나비 2

부54-2. 오리방풀꽃에서 꿀 빠는 암컷.
제주 서귀포 10.10.13

부54-3. 오리방풀꽃에서 꿀 빠는 암컷.
제주 서귀포 13.11.10

부54-4. 소철 잎맥에 산란하는 암컷. 제주 중문 13.8.11

산부전나비

Plebejus subsolanus (Eversmann, 1851)

부55-1. 쉬고 있는 수컷.
강원 태백산 87.6.26. 협찬 주흥재

부55-2. 갈퀴나물 꽃에서 꿀 빠는 수컷.
연변 11.7.13. 협찬 오해용

북방점박이푸른부전나비

Phengaris kurentzovi Sibatani, Saigusa & Hirowatari, 1994

부56-1. 싱아꽃에서 꿀 빠는 수컷. 강원 쌍용 94.8.12. 협찬 이영준

고운점박이푸른부전나비

Phengaris teleius (Bergsträsser, 1779)

부57-1. 오이풀꽃에서 꿀 빠는 수컷.
강원 양구 12.8.12

부57-2. 싸리꽃에서 꿀 빠는 암컷.
강원 양구 12.8.12

부57-3. 짝짓기.
강원 대관령 11.8.7. 협찬 이상현

부57-4. 산란. 강원 인제 10.8.22

큰점박이푸른부전나비 1

Phengaris arionides (Staudinger, 1887)

부58-1. 꽃향유꽃에서 꿀 빠는 수컷. 강원 계방산 09.8.10

큰점박이푸른부전나비 2

부58-2. 배초향꽃에서 꿀 빠는 수컷.
강원 계방산 09.8.10

부58-3. 햇볕 쬐는 암컷.
강원 계방산 09.8.10

부58-4. 짝짓기. 강원 흥정산 09.8.2. 협찬 손상규

부전나비과 (Lycaenidae) 나비의 형태·생태 설명과 촬영 노트

부1. 바둑돌부전나비

검은색이고 날개 아랫면은 순백색에 검은색 바둑돌 무늬가 있는 아주 작은 나비다. 다리까지 하얀색이어서 정갈한 멋을 더해준다. 신이대, 조릿대 숲에 살며 연약하게 날아다니다 잎에 앉아 쉬며 햇볕을 쬔다. 꽃에는 앉지 않는다. 유일한 육식성 나비로 애벌레는 일본납작진딧물을 잡아먹고 어른벌레는 그 진딧물의 분비물을 빨아 먹는다. 제주를 포함한 중부 이남 지역에 산다. 최근에는 신이대 숲이 있는 서울의 공원에서도 관찰되고 있다. 5월 중순~10월에 3~4번 나온다. 암컷은 신이대 잎의 진딧물이 모여 있는 곳에 한 개씩 알을 낳는다. 애벌레로 겨울을 난다.

촬영 노트

40여 년 전에 고향인 충남 서천에서 수컷 2마리를 채집하여 화제가 되었다. 그 당시는 희귀종으로 여겼고 실제 좋은 표본을 갖고 있는 사람이 없었다. 그 뒤 이곳저곳 여러 서식지가 밝혀지면서 지금은 흔한 나비가 되었다. 이 나비를 사진 찍은 곳은 무등산과 제주도의 여러 곳 그리고 고향 서천이다. 추석에 성묘하러 가서 우리 집 뒤 신이대 숲을 건드리면 아주 작은 가을형 나비들이 꽃잎처럼 내려앉았다. 그러나 좋은 사진을 찍지 못했다. 제대로 사진을 찍은 곳은 경북 울진으로 그곳 대숲에서 일본납작진딧물에서 분비물을 빠는 사진 등 많이 찍었다. 그리고 오이도 옥구공원 신이대 숲에서도 댓잎에 앉은 나비들을 많이 찍었다. 내가 찍지 못한 짝짓기 사진은 가깝게 지내는 학회 회원이 무등산에서 찍은 사진을 협찬해 주어 면을 구성했다.

부1-2. 쉬고 있는 수컷. 경북 울진

부2. 남방남색꼬리부전나비

짙은 청람색이다. 암컷은 흑갈색이며 날개 꼬리(미상돌기)가 있다. 경남 통영에서 첫 채집된 희귀종이다. 제주도 조천의 선흘리 상록활엽수림에서 아주 드물게 관찰되고 있다. 생태적 습성은 남방남색부전나비와 비슷할 것으로 추측된다. 6월 초순부터 연 2~3번 나오는 것으로 추정된다. 먹이 식물은 밝혀지지 않았으며 어른벌레로 겨울을 난다.

부3. 남방남색부전나비

짙은 청남색이며 날개 끝이 뾰족하고 날개 외연을 따라 검은색 테두리가 있다. 제주도 조천의 선흘리 상록활엽수림에만 사는 나비다. 수컷은 나무 꼭대기에 자리 잡고 약하게 텃세를 부린다. 아침나절에는 나뭇잎에 앉아 쉬다가 정오를 지나면 낮은 곳으로 내려와 날다가 나뭇잎에 내려앉는 습성이 있다. 꽃에는 앉지 않는다. 6월 중순~10월 중순 사이에 2~3번 나온다. 먹이 식물은 종가시나무이며 어른벌레로 겨울을 난다.

촬영 노트

30여 년 전, 그간의 나비 도감에도 수록되지 않은 이 나비를 추적하여 채집하는 일에 나도 참여했다. 일행 중 한 분이 먼저 수컷을 채집했고 그다음 주에 다시 가서 몇 쌍을 채집했다. 그 후 다른 사람에게는 알리지 않고 선흘리 숲에 드나들며 채집과 촬영을 했다. 그 뒤 애벌레를 찾아 사육하게 되어 좋은 표본은 확보했으나 사진 찍는 일은 만만치 않았다. 제주도 있는 동안 그곳에 자주 갔기에 수컷이 석양 무렵에 텃세 부리는 장면을 촬영할 수 있었다. 또 암컷이 갓 우화(羽化)하여 나와 날개 말리는 장면 등의 사진으로 구성하였다. 선흘리 숲길 어디 어디에 이 나비가 잘 날아다니는지 기억하지만 지금은 자주 가지 못해 아쉽다. 그러나 첫 채집과 촬영의 감격적인 순간은 기억 속에 생생하게 남아 있다. (나 찾 여 76쪽)

부2-4. 햇볕 쬐는 임컷. 제주 선흘리

부4. 선녀부전나비

날개에 고운 보라색이 넓게 퍼져 있고 날개 외연을 따라 넓은 검은색 테두리가 있다. 날개 아랫면은 순백색에 고운 점이 박혀 있어 선녀들이 입었을 것 같은 하늘거리는 비단옷 같아서 붙여진 이름으로 생각된다. 잡목림 숲에 살며 저녁나절에 빠르게 날아다니며 쥐똥나무, 쥐땅나무 등의 꽃에서 꿀을 빤다. 중부 이북 지역에 살며 6월 중순에 한 번 나온다. 먹이 식물은 쥐똥나무이며 알로 겨울을 난다.

부5. 붉은띠귤빛부전나비

황적색이며 날개 외연을 따라 검은색 테두리가 있다. 뒷날개 아랫면에는 이중의 은색점이 이어진 선이 있다. 야산의 계곡 주변 잡목림 숲에 살며 오전에는 나뭇잎에 앉아 쉬다가 한낮부터 활발하게 날아다닌다. 땅바닥에 잘 내려앉지만 꽃에는 오지 않는다. 요즘은 감소하고 있어 보기 어렵다. 중부 이북 지역에 살며 6월 중순에 한 번 나온다. 먹이 식물은 물푸레나무이고 알로 겨울을 난다.

부6. 금강산귤빛부전나비

앞날개에 크고 짙은 주황색 무늬가 있어 아름답다. 그리고 날개 외연을 따라 넓은 검은색 테가 있다. 해 뜰 무렵에 날아다니다. 한낮에 쉬고 저녁나절 다시 활동한다. 개망초, 싸리 등 꽃에서 꿀을 빨며 수컷은 땅바닥에 잘 내려앉는다. 중부 이북 지역에 살며 6월 중순에 한 번 나온다. 먹이 식물은 물푸레나무이며 알로 겨울을 난다.

촬영 노트

몇 년 전 6월에 땅바닥에 내려앉은 나비들을 사진 찍으려고 가정리 뒷산에 아침 일찍 도착했다. 잠시 후 아침 햇살이 비치기 시작했는데 이때 놀라운 광경을 보았다. 그해 대량 발생한 수많은 금강산귤빛부전나비가 날아올라 해가 떠오른 방향으로 이동하는 것이었다. 더러 녹색부전나비와 다른 귤빛부전나비도 섞여 있었다. 처음 보는 광경이라 놀라웠다. 길 따라 올라가니 나뭇잎과 꽃에 많이 앉아 있어 사진을 찍었다. 이 나비의 이런 이동은 그 후에는 보지 못했다. 날개를 펴면 앞날개에 진한 주황색 무늬가 있어 아름다운데 좀처럼 날개를 펴지 않아 그 무늬가 나오는 사진을 찍지 못했다. 아쉬운 대로 암컷이 날개를 접은 상태에서 주황색 무늬가 비쳐 보이는 것을 골라 사진을 찍어 수록했다. 지금은 도로가 포장되고 환경이 파괴되어 그 흔하던 나비도 보기 힘들어졌다. 많이 아쉽고 안타깝다.

부6-4. 쉬고 있는 수컷. 강원 남춘천

부7. 귤빛부전나비

옅은 주황색이고 앞날개 끝에 삼각형의 검은색 테가 있다. 참나무 잡목림 숲에 산다. 주로 해 뜰 무렵에 날다가 잎에서 쉰 후 오후에 활발히 활동한다. 간혹 개망초, 밤나무 등의 꽃에서 꿀을 빤다. 중부 이북 지역에 살며 5월 하순에 한 번 나온다. 먹이 식물은 갈참나무이며 알로 겨울을 난다.

부8. 시가도귤빛부전나비

연한 주황색이며 앞날개 끝에 검은색 테두리가 있다. 날개 아랫면의 검은색 줄무늬가 도시의 길을 나타낸 지도와 비슷하여 붙여진 이름이다. 참나무 숲에 살며 해 떠오를 때와 저녁나절에 활동한다. 간혹 토끼풀, 개망초 꽃에서 꿀을 빤다. 중부 이북 지역에 사는데 6월 중순에 한 번 나온다. 먹이 식물은 갈참나무이며 알로 겨울을 난다.

부9. 민무늬귤빛부전나비

붉은색을 띤 주황색이며 날개에 무늬가 없어 붙여진 이름이다. 암컷은 앞날개 끝에 검은색 테가 있다. 희귀종으로 다른 귤빛부전나비보다 조금 늦게 나온다. 한낮에는 잎에서 쉬다가 해 질 무렵 나무 위에서 날아다닌다. 애벌레는 참나무 잎을 먹다가 진딧물을 잡아먹는 반 육식성이다. 강원도와 충북 일부 지역에 사는데 7월 중순에 한 번 나온다. 알로 겨울을 난다.

부10. 암고운부전나비

암컷의 앞날개에 반달 모양의 밝은 주황색 무늬가 있다. 이 무늬로 암컷이 수컷보다 더 곱게 보여 붙여진 이름이다. 산과 인접한 민가 주변의 과일나무 주변에 많이 산다. 수컷은 산 능선에서 텃세를 부린다. 암컷은 여름잠을 잔 후 초가을에 깨어나 활동하며 알을 낳는다. 중부 이북 지역에 사는데 6월 중순에 한 번 나와 가을까지 활동한다. 먹이 식물은 복숭아나무, 앵두나무, 벚나무 등이며 알로 겨울을 난다.

부11. 참나무부전나비

앞날개 중심이 짙은 청람색으로 색깔이 고운 나비다. 날개 끝에 는 넓은 검은색 테가 있다. 날개 아랫면은 황갈색이고 은색 줄이 배열되어 있다. 참나무 숲에 주로 살며 나뭇잎에 자리 잡고 약하게 텃세를 부린다. 간혹 밤나무 꽃에서 꿀을 빤다. 강원과 경기, 경북 지역에 살며 6월 중순에 한 번 나온다. 먹이 식물은 갈참나무, 신갈나무이며 알로 겨울을 난다.

부12. 긴꼬리부전나비

검은색이며 앞날개에 유백색 무늬가 있다. 날개 아랫면에는 크고 작은 검은색 무늬가 흩어져 있고 날개 꼬리 위쪽은 황적색이다. 가래나무가 있는 잡목림 숲에 사는데 수컷은 땅바닥에 잘 내려앉는다. 경기와 강원에 사는데 6월 중순에 한 번 나온다. 우화해 나와서 나는 힘이 생기면 높은 가지로 옮겨서 활동하는 듯하다. 6월 중순에 한 번 나오고 먹이 식물은 가래나무이며 알로 겨울을 난다.

촬영 노트

십여 년 전 6월 중순, 해 뜰 무렵 가정리 숲에 도착했다. 산길 넓은 곳에 주차하고 아래쪽은 아내에게 맡기고 나는 위쪽으로 올라가서 사진을 찍었다. 한참 있다 내려와서 아내가 찍은 사진을 보다가 깜짝 놀랐다. 그간 한 번도 제대로 찍어 보지 못한 긴꼬리부전나비 사진이 여러 장 있었기 때문이다. 어디서 찍었느냐 물으니 바로 아래쪽에 아주 많다고 했다. 따라가 보니 갓 우화해 나온 듯한 나비 여러 마리가 가래나무 아래 나뭇잎에 있었다. 나비들은 옮겨 다니며 날고 있었는데 어림잡아도 십여 마리는 되어 보였다. 길가의 풀잎에 앉은 개체도 있었다. 그날 둘이서 마음껏 찍었다. 그다음 주에 다시 갔는데 이상하게도 한 마리도 보이지 않았다. 아마도 날개에 힘이 생긴 나비들이 가래나무 높은 가지로 옮겨간 것 같았다. 그렇다 보니, 보기 어려운 희귀종으로 알려졌으며 나오는 시기도 7월 하순으로 잘못 알려져 있었던 것이다. 귀한 나비를 맘껏 찍었을 때의 흡족하고 기뻤던 기억은 사진을 볼 때마다 새롭다.

부12-4. 쉬고 있는 수컷. 강원 남춘천

부13. 물빛긴꼬리부전나비

검은색이며 뒷날개 꼬리 위에 작은 흰색 점들이 있다. 날개 아랫면이 순백색이고 검은색 선과 점들이 배열되어 있어 정결해 보이는 예쁜 나비다. 잡목림 숲에 사는데 아침나절에는 나뭇잎에서 햇볕을 쬐다가 오후부터 활동한다. 저녁나절에는 나무 상단에서 텃세를 부린다 간혹 밤나무꽃에서 꿀을 빨기도 한다. 제주를 포함한 전국 각지에 살며 6월 중순에 한 번 나온다. 먹이 식물은 굴참나무, 신갈나무이며 알로 겨울을 난다.

부14. 담색긴꼬리부전나비

검은색이며 날개 꼬리 위에 흰색 선과 무늬가 있다. 날개 아랫면에는 크고 작은 검은색 점들이 배열되어 있다. 잡목림 숲에 사는데 오전에는 나뭇잎에 앉아 쉬다가 오후부터 나무 사이에서 날아다닌다. 간혹 밤나무꽃에서 꿀을 빤다. 남서해안 지역을 제외한 전국 곳곳에 살며 6월 중순에 한 번 나온다. 먹이 식물은 갈참나무, 신갈나무이며 알로 겨울을 난다.

부15. 깊은산부전나비

검은색이고 날개 아랫면은 윤기 나는 은백색에 가는 검은색 선이 있어 간결하면서도 고상한 느낌이 든다. 암컷은 앞날개 끝 부위에 작은 흰색 점이 있다. 산의 높은 곳 잡목림에 산다. 비교적 보기 힘든 나비로 오전에는 나뭇잎에서 쉬다가 오후부터 해 질 무렵까지 활동한다. 간혹 산 정상까지 날아오른다. 암컷은 간혹 큰까치수영, 완두 등의 꽃에서 꿀을 빤다. 경북 일부 지역과 강원의 동북 지역에 산다. 6월 중순에 한 번 나오며 먹이 식물은 사시나무이고 알로 겨울을 난다.

촬영 노트

긴지부전나비로 불리던 이 나비는 꿈에서나 만나던 나비였다. 어렵게 한 마리씩 채집하다가 해산령이 알려져 채집하게 되어 나비 도감을 낼 때도 그곳에서 채집한 표본으로 면을 구성했다(나 찾 여 61쪽). 그러나 사진을 찍는 것은 별도의 문제다. 좋은 사진을 찍으려면 적절한 높이에 좋은 배경에 안정되게 앉은 대상을 만나야 한다. 발품을 많이 팔아야 하고 행운이 따라야 가능한 일이다. 수컷 사진은 몇 장 찍었지만 암컷 사진 때문에 여러 번 그곳에 갔다. 한 번은 사시나무를 포충망으로 뚝 치니 암컷이 날아올랐다. 그런데 배가 무거워서인지 조금 날다 땅바닥으로 툭 떨어져 앉아 날개를 폈다. 다가가 사진 몇 장을 찍었을 때 갑자기 날아올라 멀리 날아갔다. 그때 찍은 사진이 좋아 만족감이 가득했다. 날개를 편 사진은 귀한듯하여 수록하였다.

부15-5. 쉬고 있는 암컷. 강원 해산

부16. 남방녹색부전나비

황록색이고 아랫면은 은회색이다. 암컷의 앞날개 중앙부는 짙은 청람색이다. 전남 두륜산과 대륜산의 숲에 국지적으로 사는 귀한 나비로 남쪽 나비의 독특하고 고상한 특징을 지녔다. 산의 중턱 이상의 붉가시나무 숲에서 산다. 수컷은 오전 10시경부터 텃세를 부리다 한낮에는 쉬고 오후 3시 이후에 나무의 높은 곳에 자리 잡고 다시 활기차게 텃세를 부린다. 7월 초순에 한 번 나오며 먹이 식물은 붉가시나무이고 알로 겨울을 난다.

부17. 작은녹색부전나비

짙은 청람색이고 앞날개의 검은 테 폭이 넓다. 암컷의 앞날개에는 황적색 무늬가 있다. 산의 계곡 옆 오리나무 숲에 사는 귀한 나비다. 오전에는 높은 가지의 잎에서 쉬다가 오후 4시경부터 해 질 무렵까지 활기차게 텃세를 부린다. 중부 이북 지역에 살며 6월 중순에 한 번 나온다. 먹이 식물은 오리나무이며 알로 겨울을 난다.

부18. 북방녹색부전나비

밝은 청록색이며 앞날개의 검은색 테가 넓다. 암컷은 검은색이고 앞날개에 황적색 무늬가 있다. 참나무 숲에서 다른 녹색부전나비와 섞여 산다. 해 뜨기 전부터 9시경까지 활기차게 텃세를 부린다. 한낮에는 땅바닥에 잘 내려 앉는다. 암컷은 산란기에 산 능선까지 이동하기도 한다. 중부 이북 지역에 살며 6월 중순에 한 번 나온다. 먹이식물은 신갈나무, 갈참나무이며 알로 겨울을 난다.

부19. 암붉은점녹색부전나비

깉은 황록색이며 뒷날개 아랫면의 흰색 선이 넓다. 암컷의 앞날개에 황적색 무늬가 있다. 잡목림 숲에 사는데 수컷은 한낮에서 저녁나절까지 텃세를 부린다. 축축한 땅바닥에 내려앉아 날개를 펴고 햇볕을 쬔다. 남서해안 지역을 제외한 각지에 살며 6월 중순에 한 번 나온다. 먹이 식물은 벚나무, 귀룽나무이며 알로 겨울을 난다.

촬영 노트

우리녹색부전나비 사진을 찍기 위해 알아 낸 곳이 남춘천의 가정리 뒤 산길이다. 그때는 비밀스러운 장소였는데 얼마 후엔 다 알게 된 곳이다. 많은 사람들이 그곳을 찾아 성과를 올렸다. 주로 오후 4시 이후 텃세 부리며 땅 가까이 내려오는 우리녹색부전나비를 채집하거나 사진 찍는 것이 목표였다. 나는 그곳이 우리녹색부전나비 외에도 다양한 나비들이 나오는 좋은 곳이라는 느낌이 들었다. 그래서 일찍 그곳에 도착하여 해 떠오를 시간에 길바닥에 내려앉는 나비를 사진 찍는 일을 시도했다. 그곳에 갈 때는 집에서 새벽 4시경에 출발했다. 그곳 산길에 햇살이 비추면 나무에 있던 나비들이 길바닥에 내려앉았다. 여러 종류의 녹색부전나비와 까마귀부전나비들이 내려앉아 햇볕을 쬐면서 물을 빨았는데 물속의 무기물도 섭취할 것이다. 내가 지나가면 놀라서 날아 옆 풀잎에 앉아 날개를 폈다. 그 장면을 사진 찍을 때의 기쁨을 어떻게 표현할 수 있을까. 암붉은점녹색부전나비 암컷이 날개 펴고 햇볕을 쬘 때 앞날개의 주황색 무늬가 말로 표현할 수 없을 정도로 산뜻하고 호화스러웠다. 그러기를 한 시간 반 정도, 뿔나비들이 날기 시작하면 산길을 혼란스러워 그것으로 사진 찍는 일은 끝이 난다. 그때 찍은 날개 편 암컷 사진과 접은 사진 그리고 나뭇잎에서 날개 편 수컷 사진으로 면을 구성했다.

부19-5. 햇볕 쬐는 암컷. 강원 남춘천

부20. 은날개녹색부전나비

밝은 청람색 색상이 고와서 사파이어녹색부전나비로 불리던 아름다운 나비다. 지금 이름은 날개 아랫면이 은색이어서 붙여진 이름이다. 해 뜰 무렵과 오후 4시경 이후에 미약하게 텃세를 부린다. 남부 지역을 제외한 충청 경기, 강원 지역에 살며 6월 중순에 한 번 나온다. 먹이 식물은 갈참나무, 떡갈나무이며 알로 겨울을 난다.

부21. 큰녹색부전나비

청록색이며 앞날개의 검은색 테가 아주 좁고, 뒷 날개의 검은색 테도 역시 좁은 것이 특징이다. 산의 능선 등 높은 곳의 참나무 숲에 산다. 수컷은 오전 10시부터 정오 때까지, 그리고 오후 4시경부터 높은 가지에 자리 잡고 텃세를 부린다. 제주와 울릉도를 포함한 전국 곳곳에 살며 6월 중순에 한 번 나온다. 먹이 식물은 갈참나무, 신갈나무이며 알로 겨울을 난다.

촬영 노트

언제부터인가 경기의 정개산이 녹색부전나비가 많이 나오는 곳으로 떠오르기 시작했다. 해 떠오를 무렵 참나무 숲이 울창한 산길을 오르다 보면 정말 녹색부전나비가 많았다. 조금 오르면 약수터가 나오는데 그곳에서 조금 더 오르면 오른쪽에 넓은 풀밭이 있다. 그 주변은 낭떠러지인데 그곳 참나무에서 큰녹색부전나비들이 날았다. 그런데 한바탕 텃세 부리고 와서 잠깐 앉았다 날으는 나비를 촬영하는 것은 만만치 않았다. 또 텃세 부리며 맴도는 나비를 순간 포착하는 것도 많은 노력을 해야 했다. 다행히 그 연속 촬영한 사진 중에 잘 된 사진이 있어 선택하여 수록했다. 그 후 집에서 가까운 관악산에 가서 산 중턱에서 텃세 부리는 장면과 날개 펴고 쉬는 모습을 촬영했다. 그러나 몇 년 전부터 그 곳에서도 녹색부전나비들이 보기 힘들어졌다. 오랫동안 성과를 올렸던 곳인데 많이 안타깝다.

부21-5. 텃세 부리는 수컷. 서울 관악산

부22. 깊은산녹색부전나비

큰녹색부전나비와 비슷하나 날개 꼬리가 가늘고 더 길다. 암컷 중에는 간혹 앞날개에 황적색 점과 청람색 띠가 있는 매우 아름다운 개체가 있다. 산의 높은 곳 잡목림 숲에 산다. 수컷은 오후 3시경부터 6시 사이에 텃세를 부린다. 중부 이북 지역에 살며 6월 중순에 한 번 나온다. 먹이 식물은 갈참나무, 신갈나무이며 알로 겨울을 난다.

부23. 검정녹색부전나비

암·수컷이 다 검은색이다. 산지의 참나무 숲에 사는데 관찰이 어렵다. 수컷은 저녁나절에 나무 위에서 약하게 텃세를 부린다. 그리고 물기 있는 땅바닥에 잘 앉는다. 충남, 경기, 강원 일부 지역에 살며 6월 중순에 한 번 나온다. 먹이 식물은 굴참나무, 상수리나무이며 알로 겨울을 난다.

부24. 금강석녹색부전나비

금강석(다이아몬드)처럼 청록색 색감이 고운 나비다. 금강산녹색부전나비를 개칭한 나비로 주로 참나무 숲에 산다. 수컷은 오전 10시경부터 정오 때까지 그리고 오후 3시경부터 활발하게 텃세를 부린다. 경기와 강원 일부 지역에 살며 6월 중순에 한 번 나온다. 먹이 식물은 떡갈나무이며 알로 겨울을 난다.

부25. 넓은띠녹색부전나비

광택 있는 황록색이며 뒷날개 아랫면의 흰색 띠가 넓은 것이 특징이다. 낮은 산의 잡목림 숲에 산다. 오전에는 나뭇잎에서 쉬고 오후 3시 이후에 산길과 능선에서 활발하게 텃세를 부린다. 수컷은 축축한 땅에 잘 앉으며 간혹 밤꽃에서 꿀을 빤다. 경기와 강원 일부 지역에 살며 6월 중순에 한 번 나온다. 먹이 식물은 떡갈나무, 굴참나무이며 알로 겨울을 난다.

부26. 산녹색부전나비

짙은 청록색이다. 암컷 중에는 간혹 앞날개에 황적색 점이나 약한 청람색 띠가 있는 개체가 있다. 참나무 숲에 많이 산다. 오전 8시부터 정오 사이 그리고 오후 4시 이후에 텃세를 부린다. 간혹 밤나무꽃에서 꿀을 빤다. 제주와 강원, 경기 지역에 살며 6월 중순에 한 번 나온다. 먹이 식물은 갈참나무, 떡갈나무이며 알로 겨울을 난다.

부27. 우리녹색부전나비

황록색이며 앞뒤 날개 외연의 검은색 테가 매우 넓어 독특하다. 신종으로 기재된 유일한 나비로 한국 고유종이다. 참나무 숲에 살며 오후 4시경부터 텃세를 부리는데 산길 바닥 가까이까지 뒤엉켜 내려와서 흩어지는 특이한 습성이 있다. 충청과 강원, 경기 지역에 살며 6월 중순에 한 번 나온다. 먹이 식물은 굴참나무이며 6월 중순에 한 번 나온다.

촬영 노트

이 나비가 신종으로 발표된 후 나비 채집가들이 이곳저곳으로 이 나비를 찾아 나섰다. 나는 가깝게 지내는 분이 남춘천 가정리 숲을 알려 주었다. 그는 이 나비는 4시 이후에나 산 중턱에서 볼 수 있다고 했다. 그랬다. 그의 말대로 4시쯤 되자 수컷들이 텃세 부리며 거의 땅바닥까지 맴돌며 내려왔다 흩어졌다. 그때마다 쫓아가 채집해서 그 표본으로 나비 도감 개정판을 낼 때 사용했다. 그러나 촬영하는 것은 쉽지 않았다. 그러다 아침 일찍 그곳에 가서 해 떠오를 무렵 땅바닥에 앉았다 옆 숲으로 옮겨 앉은 나비를 촬영하면서 길이 열렸다. 암·수컷을 다 그 시간대에 길 옆 숲에서 촬영했다. 땅에 앉은 나비는 놀라서 낮게 번쩍거리며 낮게 날다 길섶 풀잎에 옮겨 앉았다. 풀잎에 앉은 나비는 사르르 날개를 폈다. 그 짧은 시간이 촬영할 수 있는 시간이다. 텃세 부리는 사진은 학회 회원의 협찬을 받아 수록했다.

부27-4. 햇볕 쬐는 수컷. 강원 남춘천

부28. 북방쇳빛부전나비

청람색이고 날개 아랫면의 파도 무늬가 발달하고 날개 끝의 둥근 돌기가 크다. 관목림 숲에 사는데 햇볕 잘 드는 풀밭에서 마른 가지에 앉아 약하게 텃세를 부린다. 빠르게 날아다니며 복숭화나무, 조팝나무 등의 꽃에서 꿀을 빤다. 경기, 강원 일부 지역에 사는데 4월 중순에 한 번 나온다. 먹이 식물은 조팝나무이며 번데기로 겨울을 난다.

부29. 쇳빛부전나비

청람색이며 날개 아랫면이 녹슨 쇠붙이 색상과 비슷하여 붙여진 이름이다. 이른 봄에 나오는 아주 작은 나비다. 계곡가의 잡목림 숲의 나무 끝에 앉아 매섭게 텃세를 부린다. 땅에 잘 앉으며 조팝나무, 얼레지 등의 꽃에서 꿀을 빤다. 제주도를 제외한 남한 각지에 사는데 4월 중순에 한 번 나온다. 먹이 식물은 조팝나무, 진달래이며 번데기로 겨울을 난다.

부30. 범부전나비

짙은 청람색이고 아랫면은 흑갈색이다. 날개 아랫면 줄무늬가 호랑이 무늬와 닮아 붙여진 이름이다. 봄형은 앞날개에 주황색 무늬가 있는 개체가 많다. 이것이 범부전나비(sp caerulea)의 특징이다. 울릉범부전나비와 일본의 범부전나비(sp arata)와 동일종이다. 산의 낮은 곳에 살며 개망초, 복숭아의 꽃과 벚꽃 등에서 꿀을 빨고 길바닥에 잘 내려 앉는다. 여름형은 날개 아랫면 색상이 황갈색이다. 제주를 제외한 전국 곳곳에 살며 4월 중순에 봄형, 7월에 여름형이 나온다. 먹이 식물은 고삼, 조록싸리, 아카시나무이며 번데기로 겨울을 난다.

부31. 울릉범부전나비

울릉도에서 살아서 붙여진 이름이지만 제주에도 산다. 범부전나비나비와 차이점은 뒷날개 아랫면 날개 꼬리 기부에 검은 점이 두 줄에 두 개씩 총 4개가 있어 2~3개인 범부전나비와 다르다. 또한, 날개 아랫면의 회백색 선이 약간 넓고 색상이 뚜렷하다. 봄형은 쥐똥나무꽃에서 꿀을 빤다. 여름형은 날개 아랫면이 황갈색이다. 4월 중순에 봄형, 7월에 여름형이 나온다. 생태적 습성은 범부전나비와 비슷하다.

촬영 노트

울릉도에 몇 번 갔지만 촬영하지 못했다. 시기도 안 맞았고 그때는 절실하지도 않았기 때문이다. 그러나 이 나비가 범부전나비와 별종으로 알려지면서 표본과 사진이 절실해졌다. 프시케월드에 근무하게 되어 아침저녁으로 그곳 주변 숲을 살피다가 우연히 이 나비를 발견하게 되었다. 5월 중순부터 그곳 숲에 향기 짙은 쥐똥나무꽃이 피었다. 그 꽃에 여러 종류의 나비가 날아왔다. 울릉범부전나비는 아주 빠르게 날아와서 꿀을 빨다가 날아 주변을 휙 돌고 다시 와서 꿀을 빨곤 했다. 멀리서 나는 모습만 보아도 구별이 되어 다가가서 암컷이 꿀 빠는 장면 등 많은 사진을 찍었다. 또 수컷은 갓 우화하여 날개를 말리는 것도 발견하여 찍었다. 그런데 여름형은 자귀나무 높은 가지의 꽃에서 남실대는 것을 보았지만 너무 멀어 좋은 사진을 찍지 못했다. 그래서 학회 회원께서 서귀포에서 찍은 사진을 협찬받아 면을 구성했다.

부31-1. 쉬고 있는 봄형 수컷. 제주 애월

부32. 민꼬리부전나비

검은색이어서 까마귀부전나비이고 뒷날개에 날개 꼬리(미상돌기)가 없어 민꼬리까마귀부전나비이다. 뒷날개 아랫면 날개 꼬리 위 황적색 띠가 곱다. 야산의 계곡 주변 잡목림 숲에 산다. 개망초, 큰까치수영 등의 꽃에서 꿀을 빨며 나뭇가지 끝에서 약하게 텃세를 부린다. 충북, 경기, 강원 일부 지역에 살며 5월 중순에 한 번 나온다. 먹이 식물은 귀룽나무, 털야광나무이며 알로 겨울을 난다.

촬영 노트

어느 해 5월 중순에 아내와 화야산에 갔다. 마음이 급해 나는 먼저 올라가 위쪽 민가 있는 곳에서 사진을 찍고 있었다. 뒤늦게 따라온 아내가 이상한 것을 보았다고 했다. 아래쪽 산길 옆 도랑에 까마귀부전나비로 보이는 나비 여러 마리가 날개도 펴지 못한 채 뒤엉켜 있다는 것이다.

나는 아내에게 천천히 내려오라고 하고 급히 그곳에 가 보았다. 그곳에 도착해 보니 뒤엉켜 있는 나비는 없고 그 주변의 나뭇잎에 몇 마리 앉아 있었다. 그 나비는 민꼬리까마귀부전나비와 벚나무까마귀부전나비들이었다. 사진 찍으며 생각해 보니 길가 나무에서 밤새 우화해 나온 나비들이 날개도 펴기 전에 바람이 불어 다리가 약해 떨어져 있었던 것 같았다. 그 후 내가 내려오는 시간에 나는 힘이 생겨 흩어지고 일부가 나뭇잎에 앉아 있다는 생각이 들었다. 그때 시간이 더 지났으면 다 흩어져 한 마리도 볼 수 없을 것이라는 생각을 했다. 또 이 산에서 나온 나비 중 내가 볼 수 있는 나비는 몇 천 마리 중 한 마리도 안 될 것이라는 생각도 했다. 아무튼 그때 촬영한 사진으로 두 종류의 까마귀부전나비 면을 보기 좋게 구성할 수 있어 다행이다.

부32-3. 쉬고 있는 수컷. 경기도 화야산

부33. 까마귀부전나비

검은색이고 날개 윗면에는 무늬가 없으나 아랫면에는 W자 모양의 흰색 선이 있다. 그리고 날개 꼬리 위에 고리 모양의 황적색 무늬가 있다. 야산의 잡목림 숲에서 산다. 아침 해 뜰 무렵 땅바닥에 앉아 물을 빤다. 개망초, 쉬땅나무 등의 꽃에서 꿀을 빨며 낮은 가지에 앉아 약하게 텃세를 부린다. 경기와 강원 일부 지역에 사는데 5월 중순에 한 번 나온다. 먹이 식물은 느릅나무와 벚나무이며 알로 겨울을 난다.

촬영 노트

남춘천의 가정리 뒤 산길에서 이 나비를 만나기 전까지 제대로 찍은 사진이 없었다. 태백산과 평창 등에서 채집한 표본으로 도감 낼 때 도판을 꾸몄지만 사진 찍기는 어려웠다. 그런데 가정리 산길에는 이 나비가 많았다. 작고 검은색인 이 나비가 길바닥에서 낮게 날 때는 접근이 쉽지 않았지만 숲에 옮겨 앉을 때는 사진 찍기가 용이했다. 어떤 날은 십여 마리를 목격했다. 그래서 나뭇잎에 앉은 암·수컷을 온전하게 촬영하여 이 책에 수록할 수 있게 되었다. 가정리는 나비 채집하거나 사진 찍는 사람들에게 잘 알려진 곳이다. 그런데 오랫동안 그곳에서 해 뜰 무렵에 활동을 하면서 그 시간대에 만난 사람이 없다. 나는 해 뜰 무렵의 한 시간 반 정도의 시간에 그 산길에서 여러 종류의 녹색부전나비와 까마귀부전나비의 사진 찍는 성과를 거둔 것이 책을 내는 데 밑바탕이 되었다.

부33-4. 쉬고 있는 수컷. 강원 남춘천

부34. 참까마귀부전나비

검은색이고 뒷날개 아랫면의 이중 흰색 선이 재봉선이라 실선인 다른 까마귀부전나비와 구별된다. 뒷날개 아랫면의 날개 꼬리 위에 황적색의 무늬가 있어 접고 앉았을 때 아름답다. 산의 잡목림 숲에서 살지만 산 능선의 숲에서도 활동한다. 땅바닥에 잘 내려앉으며 큰까치수영, 개망초 등의 꽃에서 꿀을 빤다. 수컷은 나뭇가지 끝에 앉아 텃세를 부린다. 전남 이북 지역에 사는데 6월 중순에 한 번 나온다. 먹이 식물은 갈매나무이며 알로 겨울을 난다.

부35. 꼬마까마귀부전나비

검은색이며 앞·뒷날개 아랫면의 흰색 선이 중간에서 안쪽으로 휘었다. 잡목림 숲에서 산능선까지 사는 범위가 넓다. 개망초, 큰까치수영 등의 꽃에서 꿀을 빨며 수컷은 나뭇가지 끝에 앉아 텃세를 부린다. 경기와 강원 일부 지역에 사는데 6월 중순에 한 번 나온다. 먹이 식물은 조팝나무이며 알로 겨울을 난다.

부36. 벚나무까마귀부전나비

검은색이며 뒷날개 아랫면에는 고리 모양과 직선의 두 줄 흰색 선이 있다. 그리고 날개 꼬리 위의 황적색 무늬가 전연 가까이 까지 길게 나타난다. 개망초, 큰까치수영 등의 꽃에서 꿀을 빤다. 수컷은 땅바닥에 잘 내려앉으며 약하게 텃세를 부린다. 충북, 경기, 강원 일부 지역에 사는데 5월 하 순에 한 번 나온다. 먹이 식물은 벚나무이며 알로 겨울을 난다.

부37. 북방까마귀부전나비

검은색이고 뒷날개 아랫면 후각에 청람색 무늬가 있다. 그리고 날개 꼬리 위로 날개 외연을 따라 황적색 무늬가 있다. 잡목림 숲에 사는 귀한 나비로 큰까치수영, 개망초 등의 꽃에서 꿀을 빤다. 수컷은 산봉우리에서 매섭게 텃세를 부린다. 강원 일부 지역에 살며 6월 중순에 한 번 나온다. 먹이 식물은 갈매나무이며 알로 겨울을 난다.

부38. 쌍꼬리부전나비

청람색이며 끝에 흰 점이 있는 두 줄의 검은색 가는 날개 꼬리가 있다. 날개를 접고 꿀을 빨 때 네 가닥의 날개 꼬리가 엇갈려 움직이는 모양이 멋있다. 야산의 소나무 숲 주변 숲에 산다. 오전에는 쉬다가 오후부터 해 질 무렵까지 높은 나뭇가지에 앉아 텃세를 부린다. 개망초, 큰까치수영 등의 꽃에서 꿀을 빤다. 암컷은 공생할 개미가 사는 소나무 틈에 알을 낳는다. 애벌레는 개미에 의해 개미집으로 옮겨져 그곳에 공생하며 자란 후 우화하여 나온다. 충북, 경기, 강원 일부 지역에 사는데 6월 중순에 한 번 나온다. 애벌레는 개미집에서 개미와 공생한다.

촬영 노트

집에서 가까운 곳에 서울대학교가 있다. 캠퍼스의 공학관 뒤쪽에 연못이 있는데 계곡과 맞닿아 있다. 6월 중순에 계곡 옆길을 타고 산에 오르다 보면 산 중턱쯤에 쌍꼬리부전나비가 많이 나왔다. 나비들이 한참 텃세를 부리고 와서 나뭇잎이나 바위에 앉았다. 앉아 있는 동안 날개를 펴는데 고운 청람색이 현란했다. 날개 편 나비를 찍으려 분주히 쫓아다녔지만 번번이 실패했다. 얼마나 예민한지 셔터를 누르려면 놀라 날아갔다. 한 곳에서 십여 마리를 보고도 날개 편 좋은 사진을 찍지 못하고 지치곤 했다. 계곡에서 내려와 연못 근처에 왔을 때 개망초꽃에서 꿀 빠는 암컷을 보고 촬영했다. 날개 편 사진은 가깝게 지내는 학회 회원이 협찬해 주어 수록하게 되었다. 집에서 쉽게 갈 수 있고 많은 나비를 만날 수 있어 좋았던 그 계곡에도 나비들이 차츰 사라지고 있어 많이 안타깝다.

부38-6. 계곡가의 돌 위에서 물 빠는 수컷. 서울 관악산

부39. 작은주홍부전나비

짙은 주홍색이고 앞날개는 검은색 테와 점들이 있어 밝고 고운 나비이다. 뒷날개에는 날개 꼬리 위에 황적색 무늬가 있다. 야산의 풀밭에 사는데 빠르게 날아다니며 엉겅퀴, 개망초, 산딸기 등의 꽃에서 꿀을 빤다. 수컷은 풀잎에 앉아 텃세를 부린다. 제주를 포함한 전국에 살며 4월 중순~9월에 3~4번 나온다. 먹이 식물은 수영이며 애벌레로 겨울을 난다.

부40. 큰주홍부전나비

밝고 진한 주홍색으로 보석같이 아름다운 나비다. 암컷은 검은색 테 안쪽에 점들이 배열되어 있어 다른 매력이 있다. 과거에 귀한 나비였으나 현재는 광범위한 곳에서 볼 수 있다. 개망초, 토끼풀, 엉겅퀴 등의 꽃에서 꿀을 빨며 수컷은 나뭇잎에 앉아 텃세를 부린다. 중부 이북 지역에 살지만 사는 지역이 늘어나고 있다. 5월~10월에 세 번 나온다. 먹이 식물은 소리쟁이이며 애벌레로 겨울을 난다.

촬영 노트

오래전 임진각 논둑에서 이 나비를 처음 보았을 때 보석처럼 아름다웠다. 더 이상 아름다울 수가 있을까! 날개에 아무 무늬가 없어도 짙고 밝은 주황색 색상만으로도 압도했다. 그러나 시간이 지나면서 이 나비의 아름다움에 대한 느낌이 차츰 옅어졌다. 여전히 아름답지만 쉽게 볼 수 있을 정도로 흔해졌기 때문이다. 고아서 아름다운 것보다 귀한 것이 아름답다는 나의 인식 때문이다. 영종도에서는 개망초 한 그루에 여덟 마리가 앉아 꿀 빠는 것을 보았다. 또 그곳 묵정밭에서 여뀌꽃에 앉아 꿀 빠는 암컷들을 보고 얼마나 기뻤던지 모른다. 오이도 선사시대 유물공원이 들어서기 전에는 그곳 풀밭에서 토끼풀과 조뱅이꽃에서 꿀 빠는 장면 등 좋은 사진을 많이 찍었다. 수컷이 꿀 빨 때 암컷이 접근해 와서 짝짓기가 이루어지기까지의 여러 단계의 사진도 찍었다. 여러 장의 짝짓기 사진 중에서 암컷이 짝짓기하면서도 꿀 빠는 사진을 골라 수록했다. 짝짓기 중에도 뱃속의 알을 성숙시킬 영양을 섭취하기 위해 꿀을 빠는 행동에서 종족 보존의 신비를 느꼈기 때문이다.

부40-7. 구애 행동. 경기 오이도

부41. 담흑부전나비

암자색이며 날개 윗면에는 무늬가 없다. 날개 아랫면은 암회색에 검은색 점들이 있다. 간혹 앞날개에 회백색 무늬가 있고 날개 아랫면이 유백색인 백화형 개체가 있다. 소나무 숲 근처의 잡목림에 살며 개망초, 산딸기, 고삼 등의 꽃에서 꿀을 빤다. 수컷은 매섭게 텃세를 부린다. 암컷은 일본왕개미 집 근처에 있는 나무줄기에 알을 낳는다. 애벌레는 진딧물의 배설물을 먹고 자란 후 3령 때 개미집으로 옮겨져 개미와 공생하며 자란 후 우화하여 나온다. 제주를 포함한 전국 곳곳에 사는데 6월 중순에 한 번 나온다.

촬영 노트

오래전에 천마산과 쌍용에서 어렵게 한 마리씩 채집했던 나비인데 프시케월드 뒤 숲에는 아주 많았다. 6월 중순 숲에 들어서면 초입에서부터 나는 것이 보였는데 아주 온전하고 산뜻했다. 둔덕의 소나무 숲 가까이 가면 이 나비들로 숲이 소란할 정도였다. 수컷이 날면 두서너 마리가 우 따라붙어 뒤엉켜 날다 내려와 흩어져 잎에 앉고 했다. 이때마다 쫓아가 사진을 찍었다. 암컷, 수컷, 꽃에서 꿀 빠는 것, 날개 펴고 앉은 것, 짝짓기하는 것, 아랫면이 유백색인 백화형 등 다양한 모습을 찍었다. 그런데 나비가 나뭇잎에 앉아 날개를 펼 때면 날개 색이 가지 색처럼 암자색으로 보였다. 햇 빛 쪼이는 방향에 따라 색상이 변하는 나비는 많다. 오색나비류와 먹그림나비 등인데 이 나비의 색상 변화는 처음 보아

신기했다. 다른 곳에서는 쉽지 않을 성과에 만족했고, 이 나비의 도판을 잘 꾸밀 수 있었다.

부41-6. 쉬고 있는 암컷(백화형). 제주 애월

부42. 물결부전나비

청람색이며 뒷날개 날개 꼬리 위쪽으로 날개 외연을 따라 흰색 테 있는 검은색 점들이 있다. 날개 아랫면에는 잔물결 무늬가 있다. 해안가의 양지 바른 풀밭에 많이 산다. 국화, 메밀, 고삼 등의 꽃에서 꿀을 빤다. 수컷은 활기차게 텃세를 부린다. 암컷은 편두, 완두콩 등의 꽃봉오리에 알을 낳는다. 애벌레는 꽃봉오리를 먹고 자란 후 콩깍지 속으로 들어가 연한 콩을 먹으며 자란다. 제주와 남해안 지역에 사는데 가을에는 경기 지역에서도 관찰된다. 7월~11월 사이에 3~4번 나온다.

부43. 남방부전나비

옅은 청람색이고 암컷은 흑갈색이다. 앞 뒷날개 아랫면에는 날개 외연을 따라 이 중의 검은색 점이 배열되어 있다. 남쪽 지방에 사는 나비라고 붙여진 이름이지만 전국 곳곳에 산다. 산과 밭둑의 풀밭, 그리고 도시의 집 주변 화단에도 산다. 가을철에 개체 수가 증가한다. 제비꽃과 냉이, 개망초 등의 꽃에서 꿀을 빤다. 수컷은 약하게 텃세를 부린다. 전국 곳곳에 사는데 4월~11월 사이에 3~4번 나온다. 먹이 식물은 괭이밥이며 애벌레로 겨울을 난다.

부44. 극남부전나비

최남단 지역에 사는 나비라는 뜻으로 붙여진 이름이다 남방부전나비보다 청람색이 더 짙다. 뒷날개 날개 갓 선 안쪽에 검정색 고리 모양 선들이 있다. 해안의 제방과 그 주변의 풀밭에 사는데 가을에 개체 수가 증가 한다. 벌노랑이, 토끼풀, 민들레 등의 꽃에서 꿀을 빤다. 수컷은 축축한 땅바닥에 잘 앉으며 약하게 텃세를 부린다. 제주도와 울진이남 동해안 지역에 사는데 5월~10월 사이에 2~3번 나온다. 먹이 식물은 벌노랑이와 토끼풀이며 애벌레로 겨울을 난다.

부45. 푸른부전나비

연한 푸른색이고 암컷의 앞날개에는 넓은 폭의 검은색 테가 있다. 풀밭에 살며 토끼풀, 싸리, 고삼 등의 꽃에서 꿀을 빤다. 수컷들은 계곡 주변의 돌 위나 땅에 무리지어 앉아 물을 빤다. 제주도를 포함한 전국에 살며 3월 중순부터 10월 사이에 3~4번 나온다. 먹이 식물은 싸리, 아카시나무, 고삼 등이며 번데기로 겨울을 난다.

부46. 산푸른부전나비

푸른부전나비보다 작지만 청람색은 짙다. 암컷은 앞날개 끝에 폭이 일정한 검은색 테두리가 있다. 토끼풀, 냉이, 개별꽃 등의 꽃에서 꿀을 빤다. 수컷은 계곡 주변 돌 위나 땅바닥에 무리 지어 앉아 물을 빤다. 경기와 강원 일부 지역에 살며 4월 하순에 한 번 나온다. 먹이 식물은 황벽나무와 층층나무이며 번데기로 겨울을 난다.

부47. 회령푸른부전나비

청람색이며 뒷날개 날개 외연 안쪽의 검은색 점이 뚜렷하다. 야산의 풀밭에 살며 산딸기, 개망초, 엉겅퀴, 고삼 등의 꽃에서 꿀을 빤다. 영월 지역에서는 수컷 수백 마리가 무리지어 땅바닥에서 물 빠는 장면을 쉽게 볼 수 있다. 함북 회령 지명이 들어간 이름이지만 강원과 경상도 경기도 일부 지역에 산다. 5월 하순에 한 번 나오며 먹이 식물은 가침

박달나무이고 알로 겨울을 난다.

부48. 암먹부전나비

수컷은 밝은 청람색이지만 암컷이 검은색이어서 붙여진 이름이다. 낮은 산의 풀밭에 살며 토끼풀, 싸리, 갈퀴나물 등의 꽃에서 꿀을 빤다. 수컷은 땅바닥에 앉아 물을 빤다. 제주도를 포함한 전국에 사는데 3월 하순부터 10월 사이에 3~4 번 나온다. 먹이 식물은 매듭풀, 갈퀴나물이며 애벌레로 겨울을 난다.

부49 먹부전나비

암·수컷이 먹물처럼 검은색인 작은 나비다. 뒷날개에 날개 꼬리가 있으며 그 위에 작은 흰색 점들이 있다. 산길과 민가 주변 풀밭에 살며 개망초, 냉이, 토끼풀 등의 꽃에서 꿀을 빤다. 수컷은 땅바닥에 잘 앉는다. 제주도를 포함한 전국 곳곳에 살며 3월 하순과 10월 사이에 3~4번 나온다. 먹이 식물은 바위채송화, 땅채송화이며 애벌레로 겨울을 난다.

부50. 작은홍띠점박이푸른부전나비

뒷날개 아랫면에 주홍색 점이 이어진 띠가 있고 검은색 점들이 많이 배열된 작은 나비이다. 밭둑과 길가의 풀밭에 사는데 햇볕 잘 드는 곳에서 활동한다. 냉이, 민들레, 토끼풀을 옮겨다니며 꿀을 빤다. 수컷은 습기 있는 땅바닥에서 물을 빤다. 제주와 남부 지역을 제외한 전국에 산다. 4월 중순~7월에 2번 나온다. 먹이 식물은 돌나물과 기린초이며 번데기로 겨울을 난다.

부51. 큰홍띠점박이푸른부전나비

밝은 청람색이고 뒷날개 아랫면에는 주황색 띠가 있다. 암컷은 앞날개 외연에 검은색의 넓은 테가 있고 점들이 있다. 풀밭에서 사는데 빠르게 날아다니며 조뱅이, 고삼, 엉겅퀴 등의 꽃에서 꿀을 빤다. 중부 이북 지역에 살며 5월 중순에 한 번 나온다. 먹이 식물은 고삼이며 번데기로 겨울을 난다. 드물게 볼 수 있는 귀한 나비로 2급 보호종이다.

부52. 산꼬마부전나비

청람색이고 암컷은 검은색에 주황색 무늬가 있는 작은 나비다. 한라산 국지 종으로 1,400m 이상의 풀밭에 산다. 연약하게 날아다니며 엉겅퀴, 두메층층이 등의 꽃에서 꿀을 빤다. 수컷은 땅바닥에 잘 앉으며 나뭇잎에 앉아 약하게 텃세를 부린다. 7월 초순에 한 번 나오는데 먹이 식물은 가시엉겅퀴이고 알로 겨울을 난다.

부53. 부전나비

짙은 청람색이고 뒷날개 아랫면에 주황색 테에 검은색 점이 있다. 암컷은 검은색인데 앞뒤 날개 외연에 고리 모양 주황색 무늬가 연결된 띠가 있다. 밭가나 강가의 낮은 곳 풀밭에 산다. 짧은 거리를 빠르게 날아다니며 개망초, 냉이, 갈퀴나물 등의 꽃에서 꿀을 빤다. 경기와 강원 일부 지역에 살며 5월 중순~10월 사이에 3~4번 나온다. 먹이 식물은 갈퀴나물이며 알로 겨울을 난다.

촬영 노트

한라산 윗세오름 밑쪽의 풀밭에 산다. 연약하게 날아다니며 분홍색 두메층층이 꽃에 꿀을 빤다. 그 꽃에서 수컷은 날개를 펴고 암컷은 접고 앉아 꿀 빠는 장면을 촬영했다. 이 사진은 날개의 위아래 면을 볼 수 있는 사진이라 수록했다. 짝짓기하는 사진도 몇 장 찍었다. 사진의 배경이 한라산을 상징하는 구상나무여서 더욱 좋았다. 그런데 사진을 찍고 있을 때 수컷이 날아와 끼어들어 세 마리가 같이 찍혔다. 내려오다 짝짓기하는 장면을 또 발견했다. 그런데 짝짓기해서 조금씩 이동하는 걸 보고 그 옆에 손가락을 대 보았더니 신기하게도 옮겨 왔다. 그래서 지나가는 사람에게 부탁하여 그 장면을 사진을 찍었다. 다음에 다른 나무에 갖다 대면 또 그곳으로 옮겨 앉아 배경을 달리해 여러 장면을 찍었다. 이런 과정을 거쳐 촬영한 다양한 사진으로 면을 구성하게 되어 만족스럽다.

부53-4. 짝짓기. 제주 한라산

부54. 소철꼬리부전나비

옅은 청람색의 작은 나비이다. 미접으로 여기던 나비인데 제주 서귀포 지역에서 30여 년 동안 지속해서 서식하는 것이 확인되어 한국 나비로 편입되었다. 풀밭을 낮게 날아다니며 민들레, 오리방풀, 이질풀 등의 꽃에서 꿀을 빤다. 수컷은 땅바닥에 잘 앉으며 텃세를 부린다. 암컷은 먹이 식물인 소철의 어린 줄기에 산란관을 박고 알을 낳는다. 제주도 서귀포 지역에 살며 8월~11월 사이에 2~3번 나온다. 어른벌레로 겨울을 난다.

부55. 산부전나비

짙은 청람색이고 앞뒤 날개 아랫면에 주황색 테두리가 있다. 강원도 태백산 백단사 입구의 풀밭에 살았지만 지금은 멸종된 것으로 추정된다. 계곡 주변 갈퀴나물 풀밭에서 날아다니며 토끼풀, 갈퀴나물, 개망초꽃에서 꿀을 빤다. 6월 중순에 한 번 나오며 먹이 식물은 갈퀴나물이고 알로 겨울을 난다.

부56. 북방점박이푸른부전나비

흑갈색인데 앞날개 중앙부는 청람색이다. 앞뒤 날개 아랫면은 회백색이고 검은색 점들이 배열되었다. 강원도 영월 지역에 살았지만 멸종된 것으로 추정된다. 산의 능선 주변 잡목림 사이의 풀밭에서 빠르게 날아다니며 오이풀, 엉겅퀴, 솔체 등의 꽃에서 꿀을 빠는 것을 관찰했다. 한살이는 고운점박이푸른부전나비와 비슷할 것으로 추정된다.

부57. 고운점박이푸른부전나비

짙은 청람색에 검은색 테두리가 있다. 또 앞날개 검은색 테 안쪽으로 검은색의 고운 점들이 배열되었다. 산을 낀 밭가와 묘소 주변 등의 트인 풀밭에 산다. 오이풀, 엉겅퀴, 싸리 등의 꽃에서 꿀을 빤다. 애벌레는 오이풀 꽃봉오리를 먹고 자란 후 뿔개미 집으로 옮겨져 개미와 공생한다. 강원 일부 지역에만 사는데 8월 초순에 한 번 나온다.

부58. 큰점박이푸른부전나비

밝은 청람색이고 앞날개에는 시맥에 따라 길쭉한 큰 점들이 있다. 암컷의 앞날개는 검은색이며 앞날개 중앙부에만 청람색이 나타난다. 산의 능선 잡목림 숲에 살며 오이풀, 배초향, 꽃향유 등의 꽃에서 꿀을 빤다. 암컷은 거북꼬리 꽃대에 한 개씩 알을 낳는다. 애벌레는 뿔개미 집으로 옮겨져 개미와 공생하는데 개미 애벌레를 잡아먹기도 한다. 강원 일부 지역에 살며 7월 하순에 한 번 나온다.

촬영 노트

이 나비는 강원의 오대산, 계방산, 대관령, 광덕산 등에서 보았다. 그중 계방산 운두령의 산 능선 길은 확신을 갖고 찾아가 만날 수 있는 곳이다. 그곳에 가면 오이풀꽃에서 꿀 빠는 암·수컷을 볼 수 있었다. 어떤 사람은 능선 어느 지점에서 많이 만날 수 있다고 했지만 나는 그곳을 찾지 못했다. 몇 년 전 그곳에 가서 수로 옆으로 지나가는데 배초향꽃에 암·수컷이 남실대는 것이 보였다. 나비들은 꿀을 빨다 날아올라 주변을 빙 돌고 와서 또 꿀을 빨곤 했다. 그러하기를 한참 동안 지속되었다. 이렇게 나비가 안정되게 기회를 줄 때 좋은 사진을 찍을 수 있다. 암·수컷이 꿀 빠는 것과 날개 펴고 햇볕 쬐는 모습 등 많은 장면을 찍었다. 가깝게 지내는 분이 짝짓기하는 사진을 협찬해 주며 이 사진은 다른 사람들은 찍지 못했을 것이라고 했다. 그만큼 귀한 사진을 고마운 마음으로 받아 책에 수록하였다.

부58-5. 배초향꽃에서 꿀 빠는 수컷. 강원 계방산

네발나비과

Nymphlidae

네53-4. 공작나비 수컷

앞다리 한 쌍이 퇴화되어 네 다리로 보행하는 중·대형 나비들이다. 앞다리는 감각 기관으로 변화되었다. 꽃을 찾아 꿀을 빠는 방화성 나비가 많지만 나무의 수액이나 동물의 배설물과 사체에서 영양을 섭취하는 종류도 있다. 색상이 다양하다. 오색나비류는 청람색이고 표범나비류는 황갈색이다. 줄나비류는 검은색이고 공작나비는 밝은 황갈색이다. 뱀눈나비류는 어두운 암갈색이고 날개 아외연부에 뱀눈 무늬가 배열되어있다. 뱀눈 무늬는 천적을 교란시키는 방어 수단으로 추측된다. 세계에는 600여 종이 분포한다. 한국에는 Lybytheinae(뿔나비아과) 1종, Danainae(왕나비아과) 1종, Nythalinae(네발나비아과) 65종, Satyrinae(뱀눈나비아과) 24종, 총 91종이 분포한다. 이 중 봄어리표범나비는 별종된 것으로 추정된다. 북한 국지 종은 산어리표범나비, 산지옥나비 등 23종이다.

한살이(생활사)

한10. 유리창나비 알

알

공 모양이며 위에서 아래 방향으로 돋아 난 줄돌기(종조, 縱條)가 여러 개 있다. 알은 먹이 식물의 앞뒷면과 가지와 새싹에 낳는다. 보통 한 개씩 낳지만 몇십 개씩 낳는 종류도 있다.

애벌레

온몸에 털이 나 있기도 하고 밋밋한 종류도 있다. 탈피할 때 모양 변화가 나타나는데 머리에 한 쌍의 뿔이 생기는 종류가 있다. 뿔에 돌기가 난 종류도 있는데 이런 형태는 천적을 위협하는 방어 수단으로 추측된다. 애벌레는 먹이 활동을 한 후 다른 곳으로 이동하여 몸을 숨기는 종류가 많다.

한11. 먹그림나비 애벌레

한12. 개마별박이세줄나비 번데기

번데기

배 끝을 물체에 고정하는 수용(垂蛹)이다 가슴 부위에 여러 모양의 돌기가 있다. 표범나비류는 금속성 광택이 나는 무늬가 있다. 번데기는 먹이식물 주변의 잎, 가지 또는 돌이나 민가의 담 벽에 붙어 있다.

뿔나비

Libythea lepita Moore, 1858

네1-1. 햇볕 쬐는 수컷. 경기 화야산 17.6.26

네1-2. 햇볕 쬐는 암컷. 강원 남춘천 18.7.23

네1-3. 쉬고 있는 암컷. 강원 남춘천 12.6.25

왕나비

Parantica sita (Kollar, 1844)

네2-1. 금방망이꽃에서 꿀 빠는 수컷. 제주 한라산 08.7.30

네2-2. 금방망이꽃에서 꿀 빠는 수컷. 제주 한라산 08.7.30

산꼬마표범나비

Boloria thore (Hübner, 1804)

네3-1. 나도냉이꽃에서 꿀 빠는 수컷. 강원 태백산 18.6.6. 협찬 이영준

봄어리표범나비

Melitaea latefascia Fixsen, 1887

네4-1. 산딸기꽃에서 꿀 빠는 암컷. 경기 고령산 92.6.15

여름어리표범나비

Melitaea ambigua Ménétriès, 1859

네5-1. 쉬고 있는 수컷. 전남 진도 16.6.5

네5-2. 개망초꽃에서 꿀 빠는 암컷.
강원 대화 96.6.26

네5-3. 짝짓기. 전남 진도 15.6.9. 협찬 최수철

담색어리표범나비

Melitaea protomedia Ménétriès, 1859

네6-1. 개망초꽃에서 꿀 빠는 수컷.
강원 인제 16.6.23

네6-2 엉겅퀴꽃에서 꿀 빠는 암컷.
제주 애월 12.6.19

네6-3. 짝짓기. 강원 인제 16.6.28. 협찬 이용상

암어리표범나비 1

Melitaea scotosia Butler, 1878

네7-1. 조뱅이꽃에서 꿀 빠는 수컷.
강원 영월 06.6.17

네7-2. 개망초꽃에서 꿀 빠는 수컷.
강원 대화 10.6.17

네7-3. 쉬고 있는 수컷. 강원 영월 11.6.18

암어리표범나비 2

네7-4. 햇볕 쬐는 암컷. 충북 고명리 11.6.18

네7-5. 냉이꽃에서 꿀 빠는 암컷.
충북 고명리 11.6.18

네7-6. 짝짓기. 충북 고명리 11.6.11. 협찬 손상규

금빛어리표범나비 1

Euphydryas davidi (Oberthür, 1881)

네8-1. 인가목조팝나무꽃에서 꿀 빠는 수컷. 충북 고명리 15.6.17

금빛어리표범나비 2

네8-2. 햇볕 쬐는 수컷. 강원 쌍용 11.6.14

네8-3. 참조팝나무꽃에서 꿀 빠는 암컷.
충북 고명리 11.6.5

네8-4. 짝짓기. 충북 고명리 11.6.31. 협찬 이용상

작은은점선표범나비 1

Clossiana perryi Butler, 1882

네9-1. 햇볕 쬐는 수컷. 강원 대관령 06.7.20

작은은점선표범나비 2

네9-2. 마타리꽃에서 꿀 빠는 수컷.
강원 계방산 15.7.23

네9-3. 꽃무릇꽃에서 꿀 빠는 암컷.
강원 대관령 13.7.26

네9-4. 짝짓기. 경북 안동 06.6.27. 협찬 권민철

큰은점선표범나비

Boloria oscarus (Eversmann, 1844)

네10-1. 햇볕을 쬐는 수컷. 강원 해산 12.6.10. 협찬 전승연

네10-2. 민들레꽃에서 꿀 빠는 암컷. 강원 서림 02.6.18

작은표범나비 1

Brenthis ino (Rottemburg, 1775)

네11-1. 큰까치수영꽃에서 꿀 빠는 수컷. 강원 대관령 12.7.20

작은표범나비 2

네11-2. 큰까치수영꽃에서 꿀 빠는 수컷.
경기 하남 11.7.18

네11-3. 참조팝나무꽃에서 꿀 빠는 암컷.
강원 대관령 09.7.4

네11-4. 짝짓기. 강원 대관령 09.7.4

큰표범나비 1

Brenthis daophne (Denis & Schffermüller,1775)

네12-1. 햇볕 쬐는 수컷. 강원 쌍용 16.6.27

큰표범나비 2

네12-2. 개망초꽃에서 꿀 빠는 수컷. 강원 쌍용 16.6.27

네12-3. 엉겅퀴꽃에서 꿀 빠는 암컷. 강원 쌍용 02.6.20

네12-4. 짝짓기. 강원 쌍용 09.6.21. 협찬 주재성

흰줄표범나비

Argyronome laodice (Pallas, 1771)

네13-1. 토끼풀꽃에서 꿀 빠는 수컷.
경기 화야산 06.5.10

네13-2. 엉겅퀴꽃에서 꿀 빠는 암컷.
제주 노꼬메 14.7.26

네13-3. 짝짓기. 경기 대부도 09.6.28

큰흰줄표범나비

Argyronome ruslana Motschulsky, 1886

네14-1. 큰까치수영꽃에서 꿀 빠는 수컷.
강원 남춘천 08.7.6

네14-2. 금불초꽃에서 꿀 빠는 암컷.
강원 쌍용 04.6.27

네14-3. 엉겅퀴꽃에서 꿀 빠는 암컷. 강원 쌍용 06.7.11

구름표범나비

Argynnis anadiomene (C. & R. Felder, 1862)

네15-1. 햇볕 쬐는 수컷. 강원 해산 03.5.28

네15-2. 큰까치수영꽃에서 꿀 빠는 암컷. 강원 대관령 15.5.24

네15-3. 붉은토끼풀꽃에서 꿀 빠는 암컷. 강원 남춘천 07.5.25

암검은표범나비 1

Argynnis sagana (Doubleeday, 1847)

네16-1. 붓들레아꽃에서 꿀 빠는 암컷. 제주 애월 08.7.15

암검은표범나비 2

네16-2. 엉겅퀴꽃에서 꿀 빠는 수컷.
제주 애월 12.6.25

네16-3. 가시엉겅퀴꽃에서 꿀 빠는 암컷.
제주 애월 12.7.26

네16-4. 짝짓기. 경기 대부도 15.7.18

은줄표범나비

Argynnis paphia (Linnaeus. 1758)

네17-1. 개망초꽃에서 꿀 빠는 수컷. 경기 정개산 08.6.21

네17-2. 엉겅퀴꽃에서 꿀 빠는 수컷. 제주 노꼬메 06.6.24

네17-3. 기린초꽃에서 꿀 빠는 암컷. 경기 정개산 08.6.21

산은줄표범나비 1

Argynnis zenobia (Leech, 1890)

네18-1. 엉겅퀴꽃에서 꿀 빠는 수컷. 강원 남춘천 19.6.19

산은줄표범나비 2

네18-2. 큰금계국꽃에서 꿀 빠는 수컷.
강원 남춘천 19.6.19

네18-3. 큰금계국꽃에서 꿀 빠는 암컷.
강원 광덕산 19.7.19

네18-4. 큰까치수영꽃에서 꿀 빠는 암컷. 강원 광덕산 19.7.19

긴은점표범나비 1

Argynnis vorax Butler, 1871

네19-1. 큰금계국꽃에서 꿀 빠는 수컷. 경기 화야산 06.6.8

긴은점표범나비 2

네19-2. 엉겅퀴꽃에서 꿀 빠는 수컷.
강원 남춘천 16.6.17

네19-3. 엉겅퀴꽃에서 꿀 빠는 암컷.
제주 어음 09.7.1

네19-4. 짝짓기. 강원 남춘천 05.6.26

은점표범나비 1

Argynnis noibe (Linnaeus. 1758)

네20-1. 엉겅퀴꽃에서 꿀 빠는 수컷.
강원 광덕산 14.6.21

네20-2. 끈끈이대나무꽃에서 꿀 빠는 암컷.
강원 남춘천 21.6.23

네20-3. 짝짓기. 강원 쌍용 16.6.17

은점표범나비 2 (한라산 아종)

A. noibe (Linnaeus. 1758) ssp

네20-4. 엉겅퀴꽃에서 꿀 빠는 수컷.
제주 한라산 08.7.30

네20-5. 엉겅퀴꽃에서 꿀 빠는 암컷.
제주 한라산 08.7.30

네20-6. 짝짓기. 제주 한라산 08.7.30

왕은점표범나비 1

Argynnis nerippe (C. & R. Felder, 1862)

네21-1. 조뱅이꽃에서 꿀 빠는 수컷. 충북 고명리 12.6.25

네21-2. 엉겅퀴꽃에서 꿀 빠는 수컷. 충북 고명리 12.6.25

왕은점표범나비 2

네21-3. 엉겅퀴꽃에서 꿀 빠는 암컷. 경기 대부도 10.6.23

네21-4. 엉겅퀴꽃에서 꿀 빠는 암컷. 강원 인제 14.6.26. 협찬 이용상

풀표범나비 1

Speyeria aglaja (Linnaeus. 1758)

네22-1. 엉겅퀴꽃에서 꿀 빠는 수컷. 강원 태백 16.6.26

네22-2. 엉겅퀴꽃에서 꿀 빠는 수컷. 강원 쌍용 07.7.28

풀표범나비 2

네22-3. 엉겅퀴꽃에서 꿀 빠는 암컷. 강원 쌍용 05.6.2

네22-4. 짝짓기. 강원 인제 16.6.28. 협찬 이용상

암끝검은표범나비 1

Argyreus hyperbius (Linnaeus. 1763 163)

네23-1. 란타나꽃에서 꿀 빠는 암컷 제주 애월. 06.7.18

암끝검은표범나비 2

네23-2. 장다리꽃에서 꿀 빠는 수컷.
제주 애월 09.4.22

네23-3. 구절초꽃에서 꿀 빠는 암컷.
경남 산청 11.7.30

네23-4. 짝짓기. 제주 애월 16.7.25

줄나비

Limenitis camilla (Linnaeus. 1764)

네24-1. 햇볕 쬐는 수컷. 경기 화야산 09.6.1

네24-2. 햇볕 쬐는 암컷. 경기 화야산 12.6.28

제일줄나비 1

Limenitis helmanni Lederer, 1853

네25-1. 고마리꽃에서 꿀 빠는 수컷. 제주 애월 08.7.29

네25-2. 햇볕 쬐는 암컷. 제주 애월 10.6.10

제일줄나비 2

네25-3. 햇볕 쬐는 수컷. 경기 화야산 15.6.10

네25-4 . 햇볕 쬐는 암컷. 경기 영종도 05.6.26

네25-5. 구애 행동(왼쪽-수컷, 오른쪽-암컷). 강원 쌍용 12.6.29

제이줄나비

Limenitis doerriesi Staudinger, 1892

네26-1. 쉬고 있는 수컷. 경기 화야산 09.6.20

네26-2. 햇볕 쬐는 암컷. 강원 쌍용 09.6.25

네26-3. 짝짓기. 강원 고성 15.7.25. 협찬 전승연

제삼줄나비

Limenitis homeyeri Tancré, 1881

네27-1. 햇볕 쬐는 수컷. 강원 오대산 09.6.26

네27-2. 햇볕 쬐는 수컷. 강원 오대산 10.6.20

네27-3. 쉬고 있는 암컷. 강원 오대산 16.6.29. 협찬 이용상

참줄나비

Limenitis moltrechti Kardakoff, 1928

네28-1. 텃세 부리는 수컷. 강원 광덕산 12.7.7

네28-2. 햇볕 쬐는 수컷. 강원 오대산 16.6.29

네28-3. 햇볕 쬐는 암컷. 강원 해산 09.7.10

참줄사촌나비

Limenitis amphyssa Ménétriès, 1859

네29-1. 햇볕 쬐는 수컷. 강원 계방산 04.6.4

네29-2. 쉬고 있는 수컷. 강원 계방산 04.6.4

네29-3. 쉬고 있는 암컷. 강원 계방산 07.7.15. 협찬 김성수

굵은줄나비 1

Limenitis sydyi Lederer, 1853

네30-1. 햇볕 쬐는 수컷. 강원 쌍용 09.7.12

네30-2. 햇볕 쬐는 암컷. 강원 남춘천 12.6.25

굵은줄나비 2

네30-3. 우화하여 나오는 암컷. 경기 정개산 17.6.15

네30-4. 햇볕 쬐는 암컷. 강원 남춘천 15.6.26

홍줄나비 1

Chalinga pratti (Leech, 1890)

네31-1. 햇볕 쬐는 수컷. 강원 오대산 04.7.8

네31-2. 물 빠는 수컷. 강원 오대산 09.7.31

네31-3. 물 빠는 수컷. 강원 오대산 09.7.30

홍줄나비 2

네31-4. 물 빠는 암컷. 강원 오대산 10.7.10

네31-5. 햇볕 쬐는 암컷. 강원 오대산 09.7.15

왕줄나비 1

Limenitis populi (Linnaeus. 1758)

네32-1. 물 빠는 수컷. 강원 오대산 05.6.20

네32-2. 물 빠는 수컷. 강원 오대산 07.6.26

왕줄나비 2

네32-3. 물 빠는 수컷. 강원 오대산 08.6.18

네32-4. 물 빠는 암컷. 강원 오대산 08.7.12

애기세줄나비 1

Neptis sappho (Pallas, 1771)

네33-1. 텃세 부리는 수컷. 제주 애월 09.5.7

애기세줄나비 2

네33-2. 햇볕 쬐는 수컷. 강원 광덕산 09.8.10

네33-3. 햇볕 쬐는 암컷. 경기 화야산 12.5.20

네33-4. 짝짓기. 경기 화야산 12.5.20

별박이세줄나비

Neptis coreana Nakahara & Esaki, 1929

네34-1. 햇볕 쬐는 수컷. 경기 정개산 12.6.11

네34-2. 햇볕 쬐는 암컷. 경기 정개산 12.5.11

네34-3. 짝짓기. 경기 양평 15.7.13

개마별박이세줄나비

Neptis andetria Fruhstofer, 1973

네35-1. 햇볕 쬐는 수컷. 경기 화악산 09.6.20

네35-2. 햇볕 쬐는 암컷. 경기 화악산 09.6.28

네35-3. 쉬고 있는 암컷. 경기 화악산 09.6.28

높은산세줄나비

Neptis speyeri Staudinger, 1887

네36-1. 햇볕 쬐는 수컷. 경기 화야산 09.6.26

네36-2. 햇볕 쬐는 암컷. 경기 화야산 16.6.28

네36-3. 물 빠는 암컷. 경기 양평 12.6.23

세줄나비

Neptis philyra Ménétriès, 1859

네37-1. 물 빠는 수컷. 강원 광덕산 19.7.9

네37-2. 물 빠는 수컷. 강원 광덕산 12.6.26

네37-3. 햇볕 쬐는 암컷. 경기 대부도 16.7.13

참세줄나비

Neptis philyroides Staudinger, 1887

네38-1. 햇볕 쬐는 수컷. 경기 화야산 20.5.29

네 38-2. 물 빠는 수컷. 경기 화야산 19 5.23

네38-3. 햇볕 쬐는 암컷. 경기 청계산 05.7.18.

왕세줄나비 1

Neptis alwina Bremer & Gray, 1853

네39-1. 물 빠는 수컷. 경기 화야산 05.6.26

네39-2. 쉬고 있는 암컷. 경기 정개산 15.7.12

왕세줄나비 2

네39-3. 햇볕 쬐는 암컷. 강원 쌍용 11.7.2

네39-4. 햇볕 쬐는 암컷. 강원 쌍용 11.7.2

황세줄나비 1

Aldania thisbe Ménétriès, 1859

네40-1. 물 빠는 수컷. 경기 화야산 20.5.29

네40-2. 물 빠는 수컷. 경기 화야산 09.5.27

네40-3. 쉬고 있는 수컷. 강원 오대산 05.6.20

황세줄나비 2

네40-4. 쉬고 있는 암컷. 경기 화야산 08.6.21

네40-5. 쉬고 있는 암컷. 경기 화야산 19.6.28

중국황세줄나비 1

Neptis tshetverikovi Kurentzov 1936

네41-1. 햇볕 쬐는 수컷. 강원 오대산 09.6.26

네41-2. 물 빠는 수컷. 강원 오대산 09.6.26

중국황세줄나비 2

네41-3. 미역줄나무꽃에서 꿀 빠는 암컷. 강원 태백산 05.7.10

네41-4. 미역줄나무꽃에서 꿀 빠는 암컷. 강원 태백산 05.7.10

산황세줄나비

Neptis ilos Fruhstorfer 1909

네42-1. 햇볕 쬐는 수컷. 강원 오대산 15.6.14

네42-2. 물 빠는 수컷. 강원 오대산 09.6.20

네42-3. 햇볕 쬐는 암컷. 강원 오대산 16.7.13

두줄나비

Neptis rivularis (Scopoli, 1763)

네43-1. 마가목꽃에서 꿀 빠는 수컷. 강원 대관령 14.7.4

네43-2. 햇볕 쬐는 암컷. 강원 쌍용 14.7.20

어리세줄나비 1

Neptis raddei (Bremer, 1861)

네44-1. 물 빠는 수컷. 경기 화야산 12.5.20

네44-2. 물 빠는 수컷. 경기 화야산 16.5.21

어리세줄나비 2

네44-3. 물 빠는 수컷. 경기 화야산 15.5.27

네44-4. 물 빠는 암컷. 경기 화야산 16.6.16

거꾸로여덟팔나비

Araschnia burejana Bremer, 1861

네45-1. 박태기나무꽃에서 꿀 빠는 봄형 수컷. 충남 계룡산 04.4.22. 협찬 백문기

네45-2. 꼬리조팝나무꽃에서 꿀 빠는 봄형 암컷. 경기 화야산 05.5.20

네45-3. 개망초꽃에서 꿀 빠는 암컷. 경기 화야산 11.7.25

북방거꾸로여덟팔나비

Araschnia levana (Ménétriès, 17598)

네46-1. 미나리냉이꽃에서 꿀 빠는 봄형 수컷.
강원 계방산 08.5.7. 협찬 안흥균

네46-2. 산딸기꽃에서 꿀 빠는 봄형 암컷.
경기 연천 21.5. 24

네46-3. 꼬리조팝나무꽃에서 꿀 빠는 수컷. 강원 서림 12.7.21

네발나비

Polygonia c-aureum (Linnaeus. 1758)

네47-1. 참나리꽃에서 꿀 빠는 암컷.
제주 애월 08.9.15

네47-2. 꿀 빠는 가을형 수컷.
제주 애월 12.8.7

네47-3. 짝짓기. 제주 애월 10.9.11

산네발나비

Polygonia c-album (Linnaeus. 1758)

네48-1. 말냉이꽃에서 꿀 빠는 수컷. 강원 오대산 08.7.18

네48-2. 햇볕 쬐는 가을형 암컷.
경기 천마산 98.8.18

네48-2. 누드베키아꽃에서 꿀 빠는 가을형 수컷
경기 천마산 98.8.18

갈고리신선나비

Nymphalis l-album (Esper, 1785)

네49-1. 햇볕 쬐는 수컷. 강원 오대산 03.6.23

네49-2. 햇볕 쬐는 암컷. 강원 오대산 01.6.28

들신선나비 1

Nymphalis xanthomelas (Denis & Schifferüller, 175

네50-1. 참나무진 빠는 암컷. 강원 해산 11.7.21. 협찬 이용상

들신선나비 2

네50-2. 햇볕 쬐는 수컷. 강원 오대산 16.6.29

네50-3. 쉬고 있는 암컷. 강원 오대산 12.7.10

네50-4. 물 빠는 암컷. 강원 오대산 15.6.13

청띠신선나비 1

Kaniska canace (Linnaeus. ifferüller, 175

네51-1. 갯방풀꽃에서 꿀 빠는 수컷. 제주 애월 08.10.8

네51-2. 참나무 진 빠는 수컷. 제주 애월 07.7.15

청띠신선나비 2

네51-3. 참나무 진 빠는 수컷. 제주 애월 07.7.15

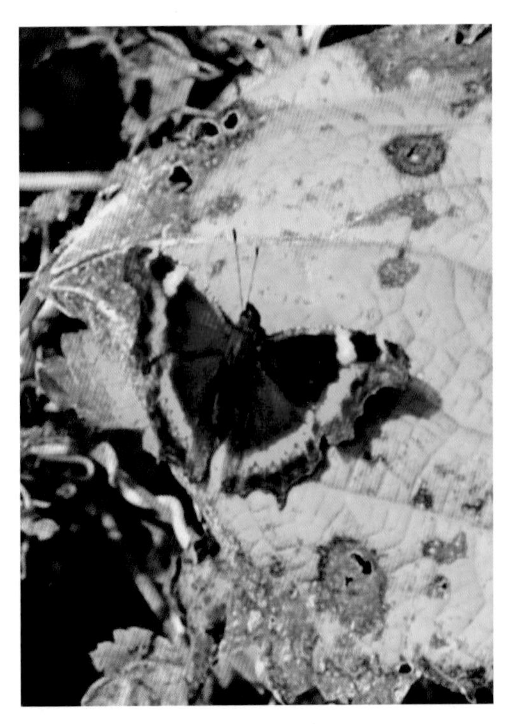

네51-4. 햇볕 쬐는 암컷. 제주 애월 13.8.17

네51-5. 차 밀러에 앉은 수컷.
강원 남춘천 17.7.14

신선나비

Nymphalis antiopa (Linnaeus. 1758)

네52-1. 쉬고 있는 수컷. 강원 광덕산 97.8.29. 협찬 이영준

네52-2. 햇볕 쬐는 수컷. 함북 백두산 16.6.10. 협찬 이용상

공작나비

Aglais io (Linnaeus. 1758)

네53-1. 쑥부쟁이꽃에서 꿀 빠는 수컷.
강원 광덕산 11.8.20

네53-2. 루드베키아꽃에서 꿀 빠는 암컷.
강원 해산 15.7.19

네53-3. 큰금계국꽃에서 꿀 빠는 수컷. 강원 해산 15.6.29

쐐기풀나비

Aglais urticae (Linnaeus. 1758)

네54-1. 큰까치수영꽃에서 꿀 빠는 암컷. 강원 광덕산 97.7.29. 협찬 손정달

네54-2. 큰까치수영꽃에서 꿀 빠는 암컷. 강원 광덕산 97.7.29. 협찬 손정달

큰멋쟁이나비 1

vanessa indica (Herbst, 1794)

네55-1. 석양 무렵 산초나무꽃에서 꿀 빠는 수컷. 제주 애월 02.8.13

큰멋쟁이나비 2

네55-2. 누드베키아꽃에서 꿀 빠는 수컷. 강원 해산 08.7.19

네55-3. 포근한 겨울날 햇볕 쬐는 암컷. 제주 애월 08.12.23

네55-4. 붓들레아꽃에서 꿀 빠는 암컷. 제주 애월 17.8.17

작은멋쟁이나비 1

vanessa cardui (Linnaeus. 1758)

네56-1. 석양 무렵 붓들레아꽃에서 꿀 빠는 수컷. 제주 애월 12.8.12

작은멋쟁이나비 2

네56-2. 민들레꽃에서 꿀 빠는 수컷.
경기 대부도 13.5.18

네56-3. 엉겅퀴꽃에서 꿀 빠는 암컷.
제주 애월 09.9.15

네56-4. 엉겅퀴꽃에서 꿀 빠는 암컷. 제주 애월 11.7.10

유리창나비 1

Dilipa fenestra (Leech, 1891)

네57-1. 텃세 부리는 수컷. 강원 오봉산 99.4.20

유리창나비 2

네57-2. 짐승의 배설물에서 영양을 섭취하는 수컷. 경기 화야산 11.4 19

네57-3. 햇볕을 쬐는 암컷. 경기 화야산 16.4.28

먹그림나비 1

Dichorragia nesimachus (Doyère, 1840)

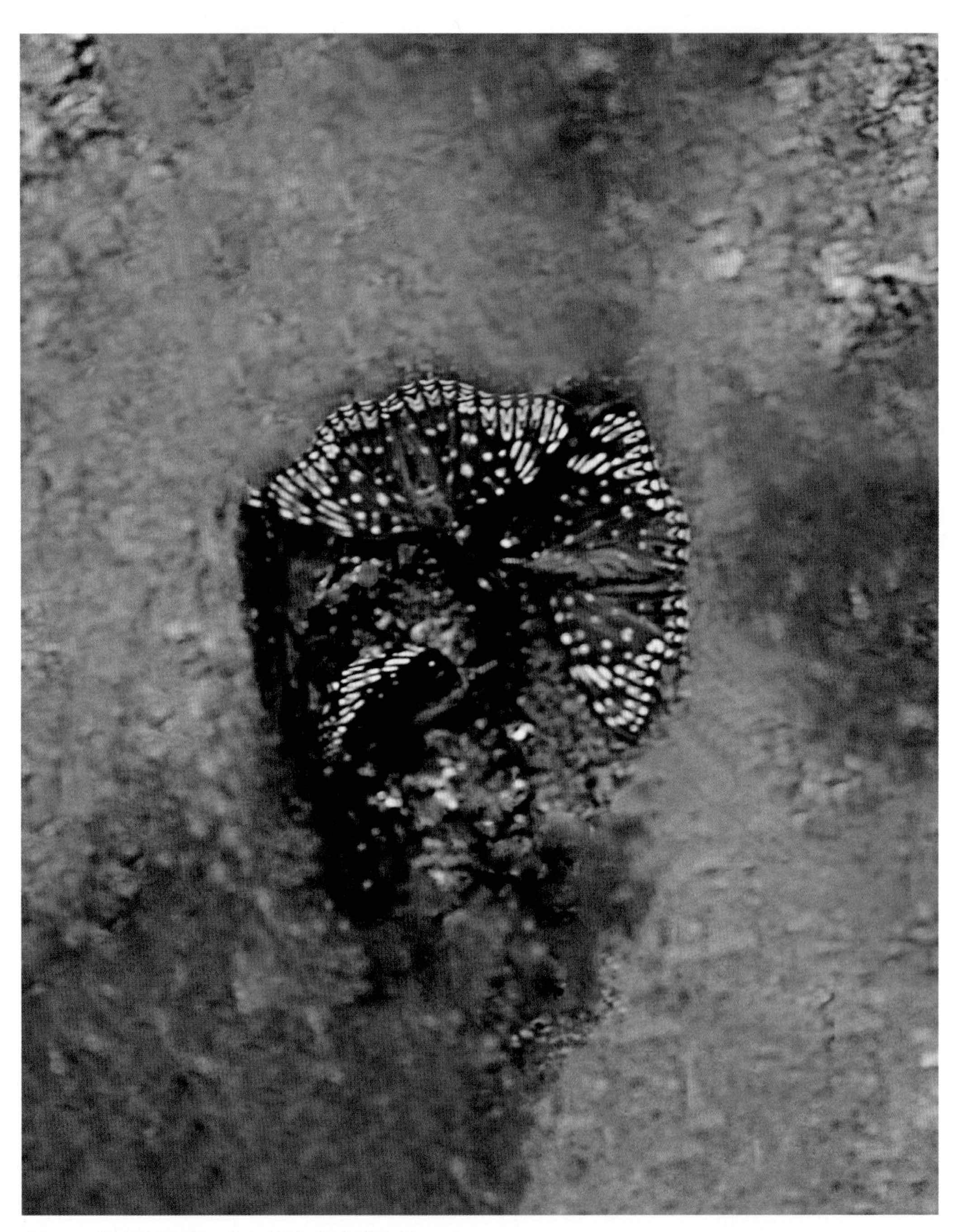

네58-1. 참나무 진 빠는 암수 무리. 충남 태안 98.8.12

먹그림나비 2

네58-2. 텃세 부리는 봄형 수컷.
전남 장흥 15.5.22

네58-3. 쉬고 있는 봄형 암컷.
경기 대부도 19.5.18

네58-4. 햇볕 쬐는 암컷. 경기 대부도 19.7.25

오색나비 1

Apatura ilia (Denis & Schiffmüller, 1775)

네59-1. 텃세 부리는 수컷. 강원 오대산 16.6.29

오색나비 2

네59-2. 물 빠는 수컷. 강원 오대산 16.6.29

네59-3. 햇볕 쬐는 수컷. 강원 오대산 08. 710

네59-4. 물 빠는 수컷. 강원 해산 08.7.23

네59-5. 햇볕 쬐는 암컷. 강원 해산 08.7.23

황오색나비 1

Apatura metis Freyer, 1829

네60-1. 햇볕 쬐는 수컷. 강원 광덕산 16.7.28

황오색나비 2

네60-2. 참나무 진 빠는 수컷들.
협찬 일본 Tetsuya Yoshida

네60-3. 참나무 진 빠는 암컷.
강원 광덕산 03.7.29

네60-4. 짐승의 배설물에서 영양을 섭취하는 수컷 무리. 강원 광덕산 06.7.22

번개오색나비 1

Apatura iris (Linnaeus. 1758)

네61-1. 햇볕 쬐는 수컷. 강원 광덕산 05.7.10

번개오색나비 2

네61-2. 물 빠는 수컷. 강원 광덕산 01.7.19

네61-3. 허리에서 땀 빠는 수컷.
강원 해산 19.7.19

네61-4. 쉬고 있는 암컷. 강원 광덕산 04.7.9

밤오색나비 1

Mimathyma nycteis (Ménétriès, 1859)

네62-1. 텃세 부리는 수컷. 강원 쌍용 11.6.18

밤오색나비 2

네62-2. 물 빠는 수컷. 충북 고명리 10.7.12

네62-3. 쉬고 있는 암컷. 강원 쌍용 11.6.30

네62-4. 무리지어 짐승의 배설물에서 영양을 섭취하는 수컷들. 강원 쌍용 11.6.18

은판나비 1

Mimathyma schrenckii (Ménétriès, 1859)

네63-1. 쉬고 있는 수컷. 강원 해산 19.7.11

은판나비 2

네63-2. 개회나무꽃에서 꿀 빠는 수컷. 강원 해산 97.7.3

네63-3. 무리 지어 물 빠는 수컷들. 강원 해산 19.6.21

왕오색나비 1

Sasakia charonda (Hewitson, 1862)

네64-1. 참나무 진 빠는 암컷(위)과 수컷들(아래). 경기 화야산 12.7.12

왕오색나비 2

네64-2. 참나무 진 빠는 암컷. 경기 화야산 11.7.8

네64-3. 참나무 진 빠는 암컷. 경기 화야산 11.7.16

네65-4. 햇볕 쬐는 수컷. 제주 애월 12.6.18

네65-5. 햇볕 쬐는 수컷. 경기 화야산 10.6.25

흑백알락나비

Hestina japonica (C & R, Felder, 1862)

네65-1. 짐승의 배설물에서 영양을 섭취하는 봄형 수컷들. 경기 화야산 01.5.20

네65-2. 물 빠는 수컷. 경기 청계산 10.7.24

네65-3. 물 빠는 수컷. 경기 청계산 07.7.24

홍점알락나비 1

Hestina assimilis (Linnaeus. 1758)

네66-1. 참나무 진 빠는 암·수컷 무리. 제주 애월 13.8.10

홍점알락나비 2

네66-2. 쉬고 있는 수컷. 제주 애월 11.7.20

네66-3. 햇볕 쬐는 암컷. 제주 애월 08.7.22

네66-4. 짝짓기. 전남 무등산 07.7.18

수노랑나비 1

Chitoria ulupi (Doherty, 1889)

네67-1. 텃세 부리는 수컷. 경기 주금산 04.7.21

수노랑나비 2

네67-2. 참나무 진 빠는 암컷. 경기 화야산 11.7.18

네67-3. 햇볕 쬐는 암컷. 경기 화야산 19.7.12

대왕나비

Sephisa princeps (Fixsen, 1887)

네68-1. 부패한 애벌레에서 영양을 섭취하는 수컷들. 강원 남춘천 12.6.28

네68-2. 참나무 진 빨고 있는 암컷. 경기 화야산 07.7.28

네발나비과 (Nymphalidae) 나비의 형태·생태 설명과 촬영 노트

네1. 뿔나비

머리 앞의 입술이 길게 돌출되어 뿔 같아서 붙여진 이름이다. 흑갈색에 등황색의 무늬와 흰색 점이 있다. 수컷은 수십~수백 마리가 무리 지어 땅바닥에서 물을 빤다. 겨울을 난 암컷 먹이식물 가지에 알을 낳는다. 전국 각지에 살며 6월에 한 번 나온다. 먹이 식물은 팽나무와 풍게나무이며 어른벌레로 겨울을 난다.

네2. 왕나비

반투명한 유백색이고 검은색 날개 끝에 흰색 점과 선이 배열된 크고 아름다운 나비다. 뒷날개 아외연부에는 넓은 황갈색 테두리가 있다. 제주도에서 나온 봄형 암컷이 바다를 건너와 태백산맥을 따라 북한 지역 까지 이동하며 알을 낳는다. 알을 낳은 곳에서는 여름형이 나온다. 내륙 지방에서는 애벌레가 월동하지 못한다. 이 나비는 동남아 지역에서 날아와 제주를 거처 북한으로 이동할 거라는 의견도 있다. 제주도에 살며 6월~10월에 2~3회 나온다. 먹이 식물은 박주가리이며 애벌레로 겨울을 난다.

네3. 산꼬마표범나비

산에 사는 황갈색인 작은 나비다. 앞뒤 날개의 기부는 검은색이고 아외연부에는 타원형의 검은색 점이 있다. 산길 주변 트인 풀밭에서 살며 엉겅퀴, 큰까치수영, 냉이 등의 꽃에서 꿀을 빤다. 보기 어려운 나비였는데 몇 년 전에 강원 함백산에서 촬영하였다. 또 4~5년 전에는 태백산에 많이 나와서 여러 사람이 사진 찍어 인터넷에 올린 사진을 보았다. 강원도 일부 지역에 살며 5월 중순에 한 번 나온다. 먹이식물은 제비꽃이고 애벌레로 겨울을 난다.

네4. 봄어리표범나비

봄에 일찍 나오는 표범나비 중 가장 작다. 황갈색이고 시맥 따라 검은색 줄이 있다. 앞뒤 날개의 기부는 흑갈색이다. 야산의 풀밭에 살며 엉겅퀴, 털장대 등의 꽃에서 꿀을 빤다. 아주 흔했던 나비였는데 현재는 멸종된 것으로 추정된다. 애벌레들은 실을 토해 내어 그물막을 치고 그곳에 자리 잡고 먹이 활동을 한다. 섬 지역을 제외한 전국에 살았으며 5월 초순에 한 번 나온다. 먹이식물은 질경이며 애벌레로 겨울을 난다.

네5. 여름어리표범나비

밝은 황갈색에 검은색 줄과 점무늬가 동심원으로 배열되어 있다. 날개 아랫면은 더 밝은 황갈색이다. 지금은 강원도 동·북부 지역과 진도 등 전남 일부 지역에 사는데 아주 드물다. 개망초, 엉겅퀴, 큰까치수영 등의 꽃에서 꿀을 빤다. 수컷은 축축한 땅바닥에서 물을 빤다. 애벌레는 입에서 실을 토해 내어 잎 위에 그물막을 치고 그곳에 자리 잡고 먹이 활동을 한다. 6월 중순에 1회 나오며 먹이 식물은 냉초이고 애벌레로 겨울을 난다.

네6. 담색어리표범나비

암갈색에 흑갈색 선이 퍼져 있어 어둡게 보인다. 풀밭에 살며 엉겅퀴, 개망초, 쥐오줌풀 꽃에서 꿀을 빤다. 수컷은 축축한 땅바닥에서 물을 빤다. 애벌레는 토해 낸 실로 잎 위에 그물막을 치고 생활한다. 제주와 중부 이북 지역에 살며 6월 중순에 1회 나온다. 먹이식물은 마타리이며 애벌레로 겨울을 난다.

촬영 노트

제주 애월에 소재한 프시케월드에 근무한 10여 년 동안에 만난 나비 중 가장 귀한 나비이다. 제주도 나비도감을 내신 분들이 못 찾았다는 나비가 박물관 뒤 숲에서 나는 것을 보았을 때 반갑고 놀라웠다. 나비는 산뜻한 자태로 가시엉겅퀴꽃에서 남실대며 잠시 꿀을 빨고 날아갔다. 나비를 본 후 수시로 숲에 가서 그 나비를 찾았다. 그리고 결국 암컷 한 마리를 사진 찍고 채집했다. 그 주에 서울에 다녀와서 생태관에 가 보니 수컷이 땅바닥에 앉아 있었다. 알아보니 나를 도와 일하는 직원이 그곳에서 가까운 어움에 가서 채집하여 생태관에 풀어 놓은 나비 중에 들어 있었던 것이다. 조심스럽게 포획하여 표본을 만들어 도감 개정판에 암·수컷 표본을 수록하게 되었다. 제주의 개체는 암갈색 색상이 더 짙지만 앞뒤 날개의 중실은 밝은 황갈색이어서 밝게 보이는 지역 변이를 나타낸다. 그곳 둔덕에는 이 나비의 먹이 식물인 마타리꽃이 노랗게 피어 있었다. 나비는 한 3년 동안 볼 수 있었지만 개체 수가 적어 추가 촬영을 하지 못했다. 수록한 사진은 제주의 담색어리표범나비의 유일 사진일 것이다.

그 외 촬영지는 계방산 입구 풀밭이었는데 지금은 야영장으로 된 곳이다. 짝짓기 사진 등 귀한 사진은 협찬받아 면을 구성했다.

네6-4. 개망초꽃에 꿀빠는 수컷. 강원 계방산

네7. 암어리표범나비

수컷은 밝은 황갈색이고 암컷은 흑갈색이다. 이 나비의 옛 이름은 암컷이 어둡게 보여서 암어리표범나비였다. 잡목림 숲에 살며 큰까치수영, 엉겅퀴, 참나리 등의 꽃에서 꿀을 빤다 애벌레는 실을 토해 내 잎 위에 덮개막을 만들고 그곳에 자리 잡고 먹이 활동을 한다. 중부 이북 지역에 살며 6월 중순에 한 번 나온다. 먹이식물은 산비장이와 수리취이며 애벌레로 겨울을 난다.

촬영 노트

오래전에는 쌍용 새술막에 가서 능선에 오르면 볼 수 있는 나비였다. 능선의 묘소 주변 참나리꽃에 날아와 꿀을 빨았다. 그러나 그 좋은 배경의 사진을 찍지 못했다. 채집을 할 때라 카메라가 없었다. 강원 영월 팔괴리와 대화 그리고 충북의 고명리에서 사진을 찍었다.

어느 해 6월 중순에 고명리에 갔을 때 그곳 산 중턱의 묵정밭의 냉이꽃에 많이 날아 들었다. 냉이 잎은 누렇게 변하고 줄기 끝에 꽃이 조금 남았었다. 그 작은 꽃에 큰 나비가 옮겨다니며 빨대를 펴서 꿀을 빨았다. 암·수컷이 날개를 접거나 펴고 꿀 빠는 장면을 맘껏 찍었다. 이 나비는 날개 아랫면의 색상이 호화스럽다. 어두운 색상의 암컷 사진도 수록하여 암·수컷의 색상을 비교해 볼 수 있게 했다. 짝짓기 사진을 협찬받으면서 나는 왜 그런 사진을 못 찍었지 하며 자탄했다.

네7-7. 냉이꽃에서 꿀 빠는 암컷. 충북 고명리

네8. 금빛어리표범나비

암·수컷이 밝은 황갈색이다. 잡목림 숲에 살며 엉겅퀴, 참조팝나무 등의 꽃에서 꿀을 빤다. 수컷은 산 능선의 나무 끝에 자리 잡고 텃세를 부린다. 애벌레는 실을 토해 내 그물막을 만들고 그곳에서 먹이 활동을 한다. 경기, 강원 일부 지역에 살며 6월 초순에 한 번 나온다. 먹이 식물은 솔체꽃과 인동덩굴이며 애벌레로 겨울을 난다.

네9. 작은은점선표범나비

밝은 황갈색이며 뒷날개 아랫면에 광택 나는 은색 테가 있다. 야산과 하천 제방 등의 풀밭에 살며 개망초, 파래난초,민들레 등의 꽃에서 꿀을 빤다. 제주와 남해안 지역을 제외한 전국에 살며 4월 초순~10월에 2~3번 나온다. 먹이 식물은 졸망제비꽃이며 번데기로 겨울을 난다.

네10. 큰은점선표범나비

황갈색이며 앞뒤 날개 중실에 검은색 점들이 모여 있어 검게 보인다. 확 트인 잡목림 숲에 사는데 산 능선에서 나무 끝에 앉아 텃세를 부린다. 빠르게 날아다니며 민들레, 개망초, 엉겅퀴 등의 꽃에서 꿀을 빤다.

경북, 경기, 강원 지역에 살며 5월 하순에 한 번 나온다. 먹이식물은 제비꽃이며 번데기로 겨울을 난다.

네11. 작은표범나비

어두운 황갈색이며 뒷날개 아랫면은 옅은 녹색이다. 산골짜기나 계곡 주변의 숲에 산다. 빠르게 날아다니며 쥐똥나무, 엉겅퀴, 큰까치수영 등의 꽃에서 꿀을 빤다. 충북, 경기, 강원 지역에 살며 6월 중순에 한 번 나온다. 먹이식물은 터리풀과 오이풀이며 애벌레로 겨울을 난다.

네12. 큰표범나비

밝은 황갈색이며 뒷날개 아랫면은 옅은 담황색이다. 산길 주변의 숲에 살며 엉겅퀴, 조뱅이, 개망초 등의 꽃에서 꿀을 빤다. 비교적 귀한 나비로 중부 이북 지역에 살며 6월 중순에 한 번 나온다. 먹이 식물은 터리풀과 오이풀이며 애벌레로 겨울을 난다.

네13. 흰줄표범나비

황갈색이며 뒷날개 아랫면에 흰색 점이 이어진 흰 줄이 있다. 숲의 풀밭에 살며 엉겅퀴, 개망초, 큰까치수영 등의 꽃에서 꿀을 빤다. 수컷은 짐승과 새의 배설물에 잘 모여든다. 제주를 포함한 전국에 살며 6월 중순에 한 번 나온다. 먹이식물은 각종 제비꽃이며 애벌레로 겨울을 난다.

네14. 큰흰줄표범나비

적갈색이며 뒷날개 아랫면의 흰색 선이 중간에 끊긴 곳이 있다. 뒷날개 흰색 선 밖은 짙은 자갈색이다. 산길 주변과 능선의 풀밭에서 살며 엉겅퀴, 쑥부쟁이, 큰까치수영 등의 꽃에서 꿀을 빤다. 암컷은 여름잠을 잔 후 깨어나 먹이식물에 알을 낳는다. 섬 지역을 제외한 전국에 살며 6월 중순에 한 번 나온다. 먹이 식물은 각종 제비꽃이며 애벌레로 겨울을 난다.

네15. 구름표범나비

황갈색이며 앞뒤 날개에 검은색 점들이 산재되어 있다. 뒷날개 아랫면에 옅은 암록색의 구름무늬가 있다.

이른 봄에 나와 숲의 햇볕 좋은 풀밭에 활동하며 엉겅퀴, 민들레, 토끼풀 등의 꽃에서 꿀을 빤다. 수컷은 축축한 땅바닥에 잘 앉는다. 제주를 제외한 전국에 살며 5월 하순에 한 번 나온다. 먹이 식물은 각종 제비꽃이며 애벌레로 겨울을 난다.

네16. 암검은표범나비

수컷은 밝은 황갈색이고 암컷은 검은색에 흰색 선과 점이 있다. 산의 풀밭에 살며 산초나무, 큰까치수영, 엉겅퀴 등의 꽃에서 꿀을 빤다. 암컷은 여름잠을 잔 후 깨어나 먹이식물 잎이나 주변 풀에 알을 낳는다. 제주를 포함한 전국에 살며 6월 중순에 한 번 나온다. 먹이식물은 각종 제비꽃이며 애벌레로 겨울을 난다.

촬영 노트

오래전에 아내와 서해안의 섬들을 찾아다니며 채집과 촬영을 했다. 인천 연안부두에서 출발하는 배를 타고 다녔는데 꽤 많은 섬에 갔었다. 영종도,영흥도, 선재도, 이작도, 무이도 등이다. 특별한 나비는 없었지만 내륙과 격리된 섬들이라 변이가 있는 나비들이 있어 흥미롭고 보람 있었다. 제일줄나비, 조흰뱀눈나비, 암검은표범나비의 지역 변이를 찾아내어 도감에 실었다.

서해안의 암검은표범나비 암컷은 뒷날개의 흰색 띠 중간에 패인 곳이 있고, 제주도 암컷은 검은색에 파란 잉크색이 나타난다. 흔한 나비들이지만 이런 지역변이를 찾아내면 그 기쁨은 크다. 제주도에는 암검은표범나비가 많은데 크고 까만 암컷이 꿀 빨며 날개짓을 할 때는 우람하고 힘차다. 붓들레아 자주색 꽃에서 꿀 빠는 사진으로 한 면을 꾸미고 보니 만족스럽다.

네16-5. 붓들레아꽃에서 꿀 빠는 암컷. 제주 애월

네17. 은줄표범나비

적갈색이고 뒷날개 아랫면에 은백색 줄이 있다. 산의 풀밭에 살며 개망초, 큰까치수영 등의 꽃에서 꿀을 빤다. 암컷은 여름잠을 잔 후 깨어나 먹이 식물 잎이나 주변의 마른 풀에 알을 낳는다. 제주를 포함한 전국 곳곳에 살며 6월 중순에 한 번 나온다. 먹이 식물은 각종 제비꽃이며 애벌레로 겨울을 난다.

네18. 산은줄표범나비

밝은 황갈색이고 뒷날개 아랫면은 연록색이며 은색 줄이 있다. 암컷은 흑자색이며 날개 아랫면의 은색 줄이 뚜렷하다. 산길 주변과 능선의 풀밭에 살며 엉겅퀴, 큰금계국, 큰까치수영 등의 꽃에서 꿀을 빤다. 수컷은 축축한 땅에 앉아 물을 빤다. 충북, 경기, 강원 지역에 살며 6월 중순에 한 번 나온다. 먹이 식물은 각종 제비꽃이며 애벌레로 겨울을 난다.

촬영 노트

이 나비는 강원도 광덕산, 해산, 가정리에서 채집하고 촬영했다. 암컷은 드물어 발견하면 기쁜데 꽃에서 꿀 빨며 날개짓을 할 때 날개 방향에 따라 나타나는 색상 변화가 놀라웠다. 한 번은 가정리에서 큰까치수영꽃에서 꿀 빠는 암컷을 촬영하는데 날개가 온통 청람색으로 보였다. 그러나 순간 날개 방향이 바뀌니까 원래의 암자색으로 되돌아왔다. 그때 청람색으로 찍힌 사진은 이 책에 수록하면서 보편적이지 않은 색상의 사진을 수록하는데 따른 부담감이 있다. 이 나비의 수려함은 날개 아랫면의 암자색 바탕의 은줄 선의 배열에서 두드러지게 나타난다. 암·수컷의 꿀 빠는 장면 등 여러 사진으로 면을 꾸몄다. 만날 때마다 반갑고 아름다운 나비다.

네18-5. 큰까치수명꽃에서 꿀 빠는 암컷. 강원 남춘천

네19. 긴은점표범나비

어두운 적갈색이고 뒷날개 아랫면 중앙부에 오이씨 모양의 길쭉한 은색점이 있어 긴은점표범나비라고 이름 붙여졌다. 전국에 사는데, 제주에서는 한라산에는 없고 평지에는 개체 수가 많다. 낮은 지대의 숲에 살며 엉겅퀴, 큰까치수영, 산초나무 등의 꽃에서 꿀을 빤다. 6월 중순에 한 번 나오며 먹이 식물은 각종 제비꽃이고 애벌레로 겨울을 난다.

네20. 은점표범나비

밝은 황갈색이며 뒷날개 아랫면 중앙부에 둥근 모양의 은색점이 있다 산의 낮은 곳에서 정상까지 활동 범위가 넓다. 제주도에서는 한라산 1,400m 이상의 관목림 풀밭에서 산다. 엉겅퀴, 조뱅이, 토끼풀 등의 꽃에서 꿀을 빨며 수컷은 축축한 땅에 잘 앉는다. 제주를 포함한 전국 곳곳에 살며 6월 중순에 한 번 나온다. 먹이 식물은 각종 제비꽃이고 애벌레로 겨울을 난다.

네21. 왕은점표범나비

황갈색이며 뒷날개 외연부에 M자 모양 검은색 선이 있다. 숲에 살며 산초나무, 엉겅퀴, 큰까치수영 등의 꽃에서 꿀을 빤다. 제주를 제외한 전국 곳곳에 살며 6월 중순에 한 번 나온다. 먹이 식물은 각종 제비꽃이고 애벌레로 겨울을 난다. 2급 보호종이다.

네22. 풀표범나비

황갈색이고 뒷날개 아랫면 중앙부에 암록색이 짙으며 은색점들이 뚜렷하다. 산의 낮은 곳에서 산 능선까지 활동 범위가 넓다. 엉겅퀴, 원추리, 개망초 등의 꽃에서 꿀을 빤다. 비교적 귀한 나비로 강원 영월과 인제 등 일부 지역에서 볼 수 있다. 6월 중순에 한 번 나오는데 먹이 식물은 각종 제비꽃이고 애벌레로 겨울을 난다.

촬영 노트

오래전에 소백산에 다니며 채집했다. 어렵게 정상에 오르면 넓은 풀밭에 원추리꽃이 많이 피어 있었다. 그 꽃에 표범나비들이 모여들어 꿀을 빨았는데 대부분이 풀표범나비였다. 나비가 날개를 접고 꿀을 빨 때 암록색 바탕에 은색 점들이 가득했다. 그때 그곳에서 가장 흔한 나비였다. 그 후 쌍용에서 간간이 채집했는데 차츰 보기가 힘들어졌다. 지금은 강원의 인제와 태백의 산에 가야 볼 수 있는 귀한 나비가 되었다. 그때 찍은 필름 사진 몇 장을 스캔하여 실었다. 그리고 짝짓기 사진 등은 협찬받아 면을 구성했다. 채집한 표본으로 도감을 꾸몄지만 이 책을 준비하면서는 좀 더 일찍부터 사진을 찍지 않은 것을 후회했다.

네22-5. 엉겅퀴꽃에서 꿀 빠는 수컷. 강원 태백산

네23. 암끝검은표범나비

밝은 황갈색이며 암컷 날개 끝에는 검은색이고 흰색 줄무늬가 있다. 남부 지방에 살지만 이동성이 강해 중부 지역에서도 볼 수 있다. 활기차게 날아다니며 개망초, 엉겅퀴,

산초나무 등에서 꿀을 빤다. 수컷은 축축한 땅에 잘 앉으며 산 능선에서 활기차게 텃세를 부린다. 제주와 중부 이남 지역에 살며 6~11월에 2~3번 나온다. 먹이 식물은 각종 제비꽃이고 애벌레로 겨울을 난다.

네24. 줄나비

검은색이며 앞날개에 흰색 선과 삼각형 무늬는 없다. 앞날개에서 뒷날개로 이어지는 흰색 선이 있다. 산의 계곡 주변 숲에서 산 능선까지 활동 범위가 넓다. 쥐똥나무, 큰까치수영, 산초나무 등의 꽃에서 꿀을 빤다. 수컷은 땅바닥에 잘 앉으며 새의 배설물에도 모여든다. 제주를 포함한 전국 곳곳에 살며 5월 중순~10월에 2~3번 나온다. 먹이 식물은 괴불나무이며 애벌레로 겨울을 난다.

네25. 제일줄나비

검은색이며 앞날개 끝에 흰색 선이 세 줄 있는데 제일 아래 줄이 길다. 산의 계곡 낀 산길 주변 숲에 많이 산다. 산초나무, 조팝나무, 큰까치수영 등의 꽃에서 꿀을 빤다. 수컷은 땅에 잘 앉으며 새나 짐승의 배설물에 잘 모여든다. 제주를 포함한 전국 곳곳에 살며 5월 중순~월에 2~3 번 나온다. 먹이 식물은 올괴불나무와 구슬댕댕이이며 애벌레로 겨울을 난다.

촬영 노트

오래전에 서해안 섬으로 나비 찾아 여행을 다녔다. 그러던 중 영종도 용궁사 숲에서 제일줄나비를 처음 보았을 때 많이 놀랐다. 제삼줄나비와 같았기 때문이다. 앞날개의 흰색 선이 아주 가늘고 삼각형 무늬도 작았다. 날개 끝의 세 흰색 선도 짧아 더욱 그랬다. 그러나 날개 아랫면의 색상 등을 볼 때는 제일줄나비의 지역변이가 확실했다. 검토 끝에 신 아종(ssp. marinus Kim et Kim, 2002)으로 한국나비학회지에 공동 발표했다. 그러나 그 나비의 좋

네25-6 햇볕 쬐는 암컷. 제주 애월

은 사진이 없다. 도감 내기 전이라 표본에 더 열중했기 때문이다. 다행히 필름 카메라로 찍은 사진이 있어 스캔하여 수록했다. 사진을 다시 찍으러 2년 전에 다시 그곳에 갔다. 배 타고 갔던 곳인데 승용차로도 갈 수 있었다. 그런데 인천공항이 들어서면서 개발이 되어 어디가 어딘지 구별이 안 되었다. 어렵게 용궁사 뒤 숲을 찾아갔지만, 숲은 사라지고 주택들이 들어 서 있었다. 추억이 깃든 곳인데 많이 아쉽고 섭섭한 생각이 들었다. 제주도 프시케월드 뒤 숲에도 제일줄나비가 날았다. 그곳 나비는 앞날개 끝의 흰색 줄 중 맨 아랫줄이 내륙 산보다 유난히 길어서 지역 변이가 뚜렷하다. 제주의 암·수컷 사진과 영종도에서 찍었던 신 아종 사진 등으로 면을 꾸몄다.

네26. 제이줄나비

검은색이며 앞날개의 흰색 선이 휘였고 날개 끝의 흰색 선 세 줄 중 중간 선이 길다. 산의 계곡 주변 숲에 살며 산초나무, 조팝나무 등의 꽃에서 꿀을 빤다. 수컷은 땅바닥에 잘 앉으며 새와 짐승 배설물에 잘 모여든다. 섬 지역을 제외한 전국 곳곳에 살며 5~9월에 2~3번 나온다. 먹이식물은 올괴불나무와 구슬댕댕이이며 애벌레로 겨울을 난다.

네27. 제삼줄나비

검은색이고 앞날개의 흰색 띠가 가늘고 삼각 무늬도 작다. 그리고 날개 끝의 세 줄의 흰색 띠가 아주 짧고 가늘다. 꽃에는 앉지 않고 수컷은 땅바닥과 새의 배설물에 앉아 영양을 취한다. 강원 동북부 일부 지역에 살며 6월 하순에 한 번 나온다. 먹이 식물은 올괴불나무이며 애벌레로 겨울을 난다.

촬영 노트

한때 우리나라 나비 종류를 다 채집했다는 자부심이 있었다. 그러나 그 생각은 어리석었다. 한 해가 멀다 하고 새로운 나비가 등장하고 나는 그것을 해결해야 한다는 조급증이 생겨 분주하게 뛰었다. 오래전에 학회 회원이 그간 들어 본 적도 없는 제삼줄나비를 채집했다는 소식을 들었다. 한국 접지(이 승모 1982)에 한반도 동북부에 분포하는 것으로 기록되었으나 표본을 보지 못했다고 기술되어 있는 나비다. 그 회원 집에 찾아 가서 그 나비를 보았을 때 많이 놀랐다. 제일줄나비와 비슷하지만 크기가 작으며 날개 모양이 날카롭고 선이나 점들이 가늘고 작았다. 귀해지기 위해 크기와 선과 무늬를 다 모두 축소한 것 같았다. 이듬해 이 나비를 채집하기 위해 오대산과 계방산에 다니며 애를 많이 썼다. 그 결과 암·수컷을 채집해서 나비 도감에 위 아랫면을 볼 수 있게 도판을 구성했다(나 찾 여 217쪽). 그 후에는 촬영하는 일에 몰두했는데 귀한 나비치고는 순탄했다. 날개 펴고 땅바닥에 앉는 습성 때문에 포착이 용이했다. 그러나 암컷을 촬영하는 일은 만만치 않았다. 눈에 띄지 않기 때문이다. 또 날개를 접고 나뭇잎에 앉은 나비는 발견하기 어려워 애를 먹었다. 그러나 여러 해 도전 끝에 한 장씩 촬영하여 이 책의 면을 구성하게 되었다.

네27-4 쉬고 있는 수컷. 강원 오대산

네28. 참줄나비

검은색이고 앞날개 중실에 흰색 띠는 없고 직사각형 무늬만 있다. 잡목림 숲에 살며 꽃에는 앉지 않고 수컷은 땅바닥에 잘 앉는다. 수컷은 나무의 높은 곳에 자리 잡고 거칠게 텃세를 부린다. 중부 이북 지역에 살며 6월 중순에 한 번 나온다. 먹이 식물은 올괴불나무이며 애벌레로 겨울을 난다.

네29. 참줄사촌나비

검은색이며 윗날개 중실의 흰색 띠가 가늘고 끝에 붓끝 모양 무늬가 있다. 산길 옆 잡목림 숲에 살며 길바닥과 짐승 배설물에 모여들어 영양을 섭취한다. 꽃에는 앉지 않고 수컷은 나뭇가지에 자리 잡고 텃세를 부린다. 강원 일부 지역에 살며 6월 중순에 한 번 나온다. 먹이 식물은 올괴불나무이며 애벌레로 겨울을 난다.

네30. 굵은줄나비

검은색이고 앞날개 중실의 흰색 띠가 짧고 좁은 직사각형 흰색 무늬가 있다. 산의 잡목림 숲에 살며 싸리나무, 조팝나무 등의 꽃에서 꿀을 빤다. 수컷은 나뭇잎에 자리 잡고 거칠게 텃세를 부린다. 섬 지역을 제외한 전국 곳곳에 살며 6~8월에 1~2번 나온다. 먹이식물은 조팝나무이며 애벌레로 겨울을 난다.

네31. 홍줄나비

검은색이며 앞뒤 날개 윗면과 아랫면에 황적색 선이 있다. 그리고 그 안쪽에 유백색 선이 있어 단순하면서도 아름답고 강렬하다. 강원도 오대산의 침엽수림에만 사는 희귀한 나비로 그늘진 곳에 앉아 날개를 펴고 햇볕을 쬔다. 수컷은 약하게 텃세를 부리며 암컷은 어수리 등의 꽃에서 꿀을 빤다. 6월 하순에 한 번 나온다. 먹이 식물은 잣나무이며 애벌레로 겨울을 난다.

촬영 노트

과거에는 상상 속의 나비였다. 이런 귀한 나비는 깊은 산의 험준한 절벽에서 살아서 감히 범접할 수 없을 것이라고 상상했다(나 찾 여 140쪽). 그러나 오대산에서 처음 보았을 때 너무 평범한 행동에 놀랐다. 그늘진 땅바닥 앉았다. 다가가면 날아서 앞에 앉고 멀리 가지도 않고 숨바꼭질하듯 했다. 귀한 나비들이 놀라서 날아가면 다시 볼 수 없는 것과 너무 대조적이었다. 심지어는 땅바닥에 앉아 있다 로드킬 당한 것도 보았다. 비바람 불다 개인 날 암컷 세 마리를 사진 찍고 채집했다. 또 상원사에 가서 경내 매점 주춧돌에서 날개 펴고 햇볕 쬐는 수컷도 사진 찍었다. 상원사에서 비로봉 가는 비포장도로가 포인트이지만 아래쪽 조개골 앞길과 북대사 가는 길에서도 보았다. 학회 회원은 어수리꽃에서 꿀 빠는 암컷을 사진 찍어서 사람들의 부러움을 샀다. 많이 찍은 사진 중 잘 된 사진을 골라서 면을 구성했다. 사진 한 장 한 장에 내 노고와 정성이 깃든 사진들이다.

네31-6. 햇볕 쬐는 암컷. 강원 오대산

네32. 왕줄나비줄

줄나비 무리 중 가장 크고 귀한 나비다. 검은색이고 아래 날개 선 따라 황적색의 반원형 무늬가 있다. 그리고 그 안쪽으로 넓은 흰색의 띠가 있어 단순하지만 강렬한 느낌이 든다. 숲에 사는데 계곡 낀 트인 곳에서 활동한다. 꽃에는 앉지 않고 땅바닥과 동물의 배설물에 모여들어 영양을 섭취한다. 수컷은 산 능선으로 날아오르기도 한다. 경기 북부 지역과 강원 동북부 지역에 살며 6월 중순에 한 번 나온다. 먹이 식물은 황철나무이며 애벌레로 겨울을 난다.

네33. 애기세줄나비

세줄나비 중 제일 작아 애기세줄나비라고 이름 붙여졌다. 검은색이며 앞날개 중실의 흰색 띠와 삼각형 무늬가 분리되었다. 낮은 산 숲에 살며 트인 곳에서 활동한다. 국수나무, 산초나무, 싸리의 꽃에서 꿀을 빤다. 수컷은 약하게 텃세를 부리며 새의 배설물이 있는 돌에 앉아 영양분을 섭취한다. 제주를 포함한 전국에 살며 4~6월에 2~3번 나온다. 먹이 식물은 싸리와 아카시나무이며 애벌레로 겨울을 난다.

네34. 별박이세줄나비

검은색이고 앞날개 중실의 흰색 띠 끝이 네 개로 분리되었다. 날개 끝에 흰색 점이 여러 개 흩어져 있어 별처럼 보인다.

산기슭과 산길, 밭 주변 등의 숲에 살며 조팝나무, 국수나무, 산초나무 꽃에서 꿀을 빤다. 수컷은 땅바닥에 잘 내려앉는다. 제주를 제외한 전국에 살며 5~9월에 2~3회 나온다. 먹이 식물은 조팝나무이며 애벌레로 겨울을 난다.

네35. 개마별박이세줄나비

별박이세줄나비와 비슷하지만 앞날개 날개선 아래에 아주 가는 흰색 선이 있어 구별된다. 또한, 날개 아랫면 색상이 짙은 암갈색이다. 산의 중턱 이상의 높은 곳의 숲에 살며 쉬땅나무, 산초나무, 조팝나무 꽃에서 꿀을 빤다. 경기, 강원 일부 지역에 살며 5~9월에 2~3번 나온다 먹이 식물은 조팝나무이며 애벌레로 겨울을 난다.

촬영 노트

고인이 된 박경태 씨와 가깝게 지냈다. 집이 가까워 가끔 만나 식사하며 나비 이야기도 많이 나누었다. 그는 나비 사육실을 마련해 여러 종류의 나비를 사육했었다. 그래서 나비 생태에 지식이 많았다. 어느 해 3월 하순에 화악산으로 나비 애벌레를 채집하러 그를 따라갔다. 산 중턱 길가에 있는 조팝나무에서 개마별박이세줄나비 애벌레를 찾는 것이 목표였다. 말라비틀어진 작은 마른 잎에서 은신 중인 작은 애벌레를 찾는 일은 경험 많은 사람만이 할 수 있는 일이다. 찾는 요령을 알려주었지만 나에게는 어려운 일이었다. 그날 애벌레 5개를 찾았는데 내게 2개를 주며 잘 키워서 도감 개정판 낼 때 쓰라고 했다. 애벌레를 서늘한 곳에 두었다가 봄에 준비한 조팝나무 화분에 옮겨 키웠다. 부화해 나온 애벌레들은 잎을 먹으며 잘 자랐다. 귀한 애벌레가 자라는 것을 지켜보는 것은 그 일을 해보지 않은 사람은 절대 모를 대단한 기쁨이다. 드디어 번데기가 되고 얼마 후 우화하여 암컷 두 마리가 나왔다. 나비가 나와 날개를 펼 때를 기다려 촬영했다. 어느 책에서도 볼 수 없던 완벽한 상태의 사진이었다. 그러나 수컷을 촬영해야 했다. 이듬해 6월 하순에 그곳에 갔다. 애벌레들이 있던 곳에 가면 볼 수 있을 것이라고 기대했으나 한나절 동안 한 마리도 보지 못했다. 포기하는 마음으로 내려오는데 날개를 펴고 햇볕을 쬐는 수컷이 보였다. 숨죽이고 다가가 촬영했다. 사육해서 나온 암컷과 화악산에서 촬영하고 채집한 수컷은 긴요하게 사용했다. 표본은 나비도감 개정판에 추가된 종의 나비 도판에 수록했고 사진은 이 책에 수록하였다. 책에 수록한 사진을 볼 때면 나비 알 찾아 사육하는 일에 탁월했고 후덕했던 경태 씨를 추억하게 된다.

네35-4 햇볕 쬐는 암컷. 경기 화악산

네36. 높은산세줄나비

검은색이고 앞날개의 흰색 띠에 패인 홈이 있다. 산의 낮은 곳 숲에 주로 산다. 국수나무, 산초나무 등의 꽃에서 꿀을 빤다. 수컷은 산길 바닥과 새의 배설물이 있는 돌 위에 잘 앉는다. 중부 이북 지역에 살며 6월 중순에 한 번 나온다. 먹이 식물은 까치박달나무이며 애벌레로 겨울을 난다.

네37. 세줄나비

검은색이며 앞날개의 흰색 띠는 직선형이며 좁다. 또한, 날개 아랫면 색상이 흑갈색이다. 숲에 살며 산길 바닥과 새의 배설물이 있는 돌 위에 잘 앉는다. 섬 지역을 제외한 전국 곳곳에 살며 5월 하순에 한 번 나온다. 먹이 식물은 단풍나무와 고로쇠나무이며 애벌레로 겨울을 난다.

네38. 참세줄나비

세줄나비와 비슷하나 앞날개에 가는 두 줄의 흰색 선이 있다. 또한, 날개 아랫면은 황갈색이다. 숲에 살며 계곡 주변 트인 곳에서 활동한다. 수컷은 땅바닥과 돌 위에 잘 앉는다. 남부 섬 지역을 제외한 곳곳에 살며 5월 하순에 한 번 나온다. 먹이 식물은 까치박달나무와 참개암나무이며 애벌레로 겨울을 난다.

네39. 왕세줄나비

줄나비 무리 중 가장 크며 앞날개의 흰색 띠에 돌출된 점이 있다. 숲에 살지만 먹이 식물인 과일 나무가 있는 민가 주변에서도 관찰된다. 수컷은 날개 끝에 길쭉한 흰 선이 있다. 암·수컷 모두 땅바닥과 돌 위에 잘 앉는다. 제주를 제외한 전국 곳곳에 살며 6월 중순에 한 번 나온다. 먹이 식물은 복숭아나무, 매실나무 등이며 애벌레로 겨울을 난다.

네40 황세줄나비

검은색이며 날개의 선이나 점들이 황색 기미가 있는 유백색이다. 뒷날개 아랫면 중앙부에 자색 반점이 있다. 숲에 살며 계곡 주변의 트인 산길에서 활동한다. 수컷은 땅바닥과 새의 배설물이 있는 돌 위에 잘 앉는다. 섬 지역을 제외한 전국에 살며 6월 중순에 한 번 나온다. 먹이 식물은 졸참나무이며 애벌레로 겨울을 난다.

네41. 중국황세줄나비

검은색이며 날개의 선들과 점들이 황금색이며 뒷날개의 황색 선에 돌출된 점이 있다. 날개 아랫면의 중앙부에 자색 반점이 있다. 숲에 살며 트인 산길 주변에서 활동 한다. 수컷은 땅바닥과 새의 배설물이 있는 바위에 잘 앉는다. 간혹 미역줄나무 등의 꽃에서 꿀을 빤다. 한살이는 황세줄나비와 비슷할 것으로 보이나 밝혀지지 않았다. 강원 동북부 지역에 살며 6월 중순에 한 번 나온다.

촬영 노트

계방산 운두령 가는 길 옆, 채석장 오르는 산길에서 이 나비를 처음 만났다. 이승모 선생의 한국 접지에 수록되지 않은 나비였다. 나비를 처음 보았을 때의 감격을 어떻게 말로 표현할 수 있을까. 윤기 나는 검은색에 황금빛 선과 점무늬들이 황홀했다. 그 후 운두령 수로에서 새 배설물에 앉은 수컷들을 채집했고 한참 후에는 산길에서 암컷도 채집했다(나 찾 여 132쪽). 그 후 오대산 차도 옆 수로에서 또는 돌 위에 앉은 수컷들을 많이 촬영했다. 그때 '이렇게 쉽게 볼 수 있는 나비를 지금까지 왜 몰랐을까'라는 생각을 했다. 사람들이 산부전나비를 채집하려고 태백산에 몰리기 시작했다. 백단사 입구의 갈퀴나물 군락지가 포인트이였지만 올라가면서 산길 옆에서도 가끔 볼 수 있었다. 한 날은 산길을 오르다 계곡 옆의 미역줄나무꽃에서 꿀 빠는 큰 나비가 눈에 띄었다. 해 질 무렵이었는데 중국황세줄나비 암컷이 날개를 폈다 접었다 하며 꿀을 빨고 있었다. 조심스럽게 다가가 촬영했다. 이 사진들은 이 책의 면을 구성하는 데 유용하게 사용했다. 산부전나비 촬영 못 한 것은 두고두고 후회스럽지만 이런 사진을 찍어 놓은 것은 다행스런 일이다. 태백산은 오색나비 황색형 암컷 등을 채집했던 추억이 많이 남아 있는 곳이다.

네41-5. 햇볕 쬐는 수컷. 강원 오대산

네42. 산황세줄나비

검은색이며 황색감이 있는 유백색 선과 점들이 있다. 앞날개 날개 끝이 점들이 작고 뒷날개 아랫면 중앙부에 자색 반점이 없다. 산의 숲에 살며 햇볕 좋은 트인 산길에서 활동한다. 땅바닥과 새의 배설물이 있는 돌 위에 잘 앉는다. 경기 북부와 강원 지역에 살며 6월 중순에 한 번 나온다. 먹이 식물은 단풍나무와 서어나무이며 애벌레로 겨울을 난다.

네43. 두줄나비

검은색이며 앞날개의 가는 흰색 띠 끝에 흰색 점들과 이어져 있다 뒷날개의 흰색 선이 넓으며 직사각형 무늬가 이어진 모양이다. 숲에 살며 싸리, 조팝나무 등의 꽃에서 꿀을 빤다. 수컷은 땅바닥과 새의 배설물이 있는 돌 위에 잘 앉는다. 중부 이북 지역에 살며 5~8월에 1~2번 나온다. 먹이 식물은 조팝나무이며 애벌레로 겨울을 난다.

네44. 어리세줄나비

다른 줄나비(Neptis 속)들과 전혀 다른 독특한 형태의 나비다. 유백색이며 앞뒤 날개 시맥에 따라 검은색 줄이 있다. 숲에 살며 트인 산길과 계곡 주변에서 활동한다. 땅바닥에 잘 앉으며 돌 위의 새 배설물에 모여들어 영양을 섭취한다. 중부 이북 지역에 살며 5월 중순에 한 번 나온다. 먹이 식물은 느릅나무이며 애벌레로 겨울을 난다.

촬영 노트

경기도 오지인 적목리에서 땅을 스치듯 나는 이 나비를 처음 채집했을 때의 감격을 잊지 못한다. 그때 채집한 수컷을 삼각지에 넣을 때 고급스런 향내가 났다. 그래서 우리나라 나비 중 향내 나는 나비는 사향제비나비 수컷과 이 나비라고 썼다(나찾 여 35쪽). 그 후 이 나비를 채집하면 냄새를 맡아 보았지만 향내가 나지 않았다. 그때 너무 감격한 나머지 냄새까지 착각했었나 싶다. 어이없는 내용을 책에 쓴 것이 민망스럽다. 이른 봄에 산에 가면 물을 빨거나 새 배설물에서 영양을 섭취하는 이 나비를 보게 된다. 예민하여 다가가면 날아올라 빙 돌고 다시 그 자리로 오곤 한다. 수컷은 비교적 눈에 잘 띄어 사진을 찍을 수 있었다. 땅바닥에서 물 빠는 장면, 새 배설물이 있는 돌 위에 앉은 것, 버린 콜라 병에 앉은 것, 나뭇잎에서 텃세 부리는 것 등을 촬영했다. 암컷은 돌 위의 새 배설물을 녹여 빨고 있는 것을 발견하여 여러 장 촬영했다. 봄철에 산에 가서 땅바닥에 스치듯 나는 이 나비를 볼 때마다 반갑고 신비스럽다.

네44-5. 새 배설물에서 영양을 섭취하는 수컷. 경기 화야산

네45. 거꾸로여덟팔나비

봄형은 황갈색이며 여름형은 흑갈색이다. 뒷날개에 여덟 팔자(八)를 거꾸로 놓은 것 같은 유백색 선이 있다. 계곡 주변의 숲에 많이 살며 쉬땅나무, 고추나무, 큰까치수영 등의 꽃에서 꿀을 빤다. 암컷은 거북꼬리 잎에 알을 낳는데 알이 연결되어 염주 모양(난주)이다. 남부 지역을 제외한 전국에 살며 5~6월에 봄형, 7~8월에 여름형이 나온다. 먹이 식물은 거북꼬리이며 번데기로 겨울을 난다.

네46. 북방거꾸로여덟팔나비

거꾸로여덟팔나비보다 밝은 황갈색이며 뒷날개 아랫면 중앙부에 직사각형 모양의 유백색 무늬가 있다. 야산의 숲에 살며 민들레, 개망초, 쉬땅나무 등의 꽃에서 꿀을 빤다. 수컷은 땅바닥에 잘 앉으며 나뭇가지에 자리 잡고 텃세를 부린다. 암컷은 쐐기풀 잎에 알을 낳는데 알을 붙여 난주를 형성한다. 경기와 강원 일부 지역에 살며 5~6월에 봄형, 7~8월에 여름형이 나온다. 먹이 식물은 쐐기풀이며 번데기로 겨울을 난다.

네47. 네발나비

여름형은 황갈색이고 가을형은 밝은 적갈색이다. 앞다리 한 쌍이 퇴화하여 네 발로 걷는 데서 이름이 유래되었다. 퇴화된 앞다리는 먹이 식물을 촉감하는 감각기관으로 되었다. 산의 숲과 마을 주변 그리고 밭두렁 등의 풀밭에 살며 큰까치수영, 구절초, 산국 등의 꽃에서 꿀을 빤다. 수컷은 땅바닥과 절벽 면에 잘 앉으며 나뭇잎에 앉아 텃세를 부린다. 제주를 포함한 전국 곳곳에 살며 6~7월에 여름형, 8월 중순에 가을형이 나온다. 먹이 식물은 환삼덩굴이며 어른벌레로 겨울을 난다.

네48. 산네발나비

네발나비와 비슷한 색상이나 뒷날개의 돌출된 꼬리 끝이 둥글다. 여름형에 비해 가을형은 날개 외연 선의 굴곡이 깊어지고 밝은 황적색이다. 숲에 살며 큰까치수영, 구절초, 산국 등의 꽃에서 꿀을 빤다. 수컷은 땅바닥에 잘 앉으며 나뭇가지에 자리 잡고 텃세를 부린다. 6월 중순에 여름형, 8월 이후에 가을형이 나온다. 먹이 식물은 느릅나무이며 어른벌레로 겨울을 난다.

네49. 갈고리신선나비

황갈색이고 기부는 검은색인데 앞날개 끝과 뒷날개 전연부에 유백색 무늬가 있다. 산의 중턱 이상의 높은 곳의 숲에 산다. 땅바닥과 절벽 면에 잘 앉으며 참나무, 느릅나무 등의 나뭇진에서 영양을 섭취한다. 귀한 나비로 강원도 해산령과 광덕산, 오대산에서 관찰되었으나 요즘은 보기 어렵다. 중부 이북 지역에 국지적으로 살며 7월 초순에 한 번 나온다. 먹이 식물은 느릅나무이며 어른벌레로 겨울을 난다.

촬영 노트

오래전 보광사에서 처음 이 나비를 채집했을 때 국내 유일 표본으로 이름을 날렸다. 그후 강원의 광덕산, 오대산, 해산, 방태산 등에서 채집하고 촬영했다. 광덕산에서는 하루에 대여섯 마리를 보기도 했다. 어떤 사람은 이 나비가 멸종되었다고 했다. 그러나 멸종되었다는 판단은 유보하는 것이 좋다. 나는 산꼬마표범나비가 오대산과 계방산에서 수년간 보이지 않아 멸종되었으리라 했는데(나 찾 여 355쪽) 20여 년 만에 강원도 태백산에서 여러 개체를 촬영한 걸 보면 더욱 그렇다. 그러나 상제나비, 산부전나비, 북방점박이푸른부전나비, 봄어리표범나비, 큰수리팔랑나비, 이상 5종은 멸종된 것으로 판단한다.

네49-3. 쉬고 있는 수컷. 강원 오대산

네50. 들신선나비

밝은 황적색이고 앞뒤 날개에 큰 검은색 점이 흩어져 있다. 그리고 날개 외연부에는 검은색 테두리에 유백색 가는 파도 무늬가 있다. 잡목림 숲에 살며 산길 등 트인 공간에서 활동한다. 땅바닥에 날개를 펴고 앉아 물을 빨며 참나무 진에서 영양을 섭취한다. 남해안 지역을 제외한 전국에 국지적으로 살며 6월 중순에 한 번 나온다. 먹이 식물은 갯버들이며 어른벌레로 겨울을 난다.

네51. 청띠신선나비

검은색에 앞뒤 날개에 밝은 청색 띠가 있어 산뜻한 느낌이 든다. 산림에 살며 참나무 등의 진과 발효된 과일에서 영양을 섭취한다. 땅바닥에 잘 앉으며 나무줄기에 자리 잡고 사납게 텃세를 부린다. 제주를 포함한 전국에 살며 6월 중순에 한 번 나온다. 먹이 식물은 청미래덩굴이며 어른벌레로 겨울을 난다.

네52. 신선나비

흑자색이며 앞뒤 날개 외연부에 황백색 테두리가 있다. 이런 모양이 신부의 미사복과 같다 해서 신부나비라 했으나 한국 접지 (1982)에서 현재 이름으로 개칭되었다. 산림에 사는데 오물에 잘 모여든다고 한다. 강원 광덕산과 해산령에서 채집되었으나 남한에서 정착하는지는 불확실하다. 6월 하순에 한 번 나오며 먹이 식물은 황철나무이고 어른벌레로 겨울을 난다.

네53. 공작나비

밝은 황적색이고 앞날개 끝과 뒷날개에 두 개씩 공작무늬가 있어 화려하고 아름답다. 산의 능선 등 높은 곳에 살며 엉겅퀴, 큰금계국, 큰까치수영 등의 꽃에서 꿀을 빤다. 수컷은 축축한 땅바닥에 잘 앉는다. 암컷은 먹이 식물 잎 뒷면에 알을 많이 낳아 알 덩어리를 이룬다. 강원 북부 지역에 살며 6월 중순에 한 번 나온다. 먹이 식물은 쐐기풀이며 어른벌레로 겨울을 난다.

네54. 쐐기풀나비

짙은 황적색에 검은색 점의 배열과 뒷날개의 적갈색 테두리가 조화를 이루어 아름답고 희귀한 나비이다.

산 능선과 정상 등 높은 곳에 살며 큰까치수영, 엉겅퀴 등의 꽃에서 꿀을 빤다. 암컷은 쐐기풀 잎 아랫면에 알을 낳는데 알 무더기를 이룬다. 북한과 가까운 강원의 해산령과 광덕산, 설악산에서 채집되었으나 남한에 정착하는지는 불확실하다. 6월 중순에 한 번 나오며 먹이 식물은 쐐기풀이고 어른벌레로 겨울을 난다.

네55. 큰멋쟁이나비

짙은 황적색이고 검은색 날개 끝에 흰색 점이 배열되어 있어 강렬하고도 활기찬 느낌이 든다. 산과 경작지 주변 숲에 살지만 나는 힘이 강해 산 정상까지 활동 범위가 넓다. 엉겅퀴, 백일홍, 산초 등의 꽃에서 꿀을 빤다. 제주를 포함한 전국 곳곳에 살며 5월 중순~11월에 3~4번 나온다. 먹이 식물은 거북꼬리와 느릅나무이며 어른벌레로 겨울을 난다.

네56. 작은멋쟁이나비

밝은 황갈색이고 검은색 날개 끝에 흰색점이 배열되어 예쁜 느낌이 든다. 산과 경작지, 민가 주변의 풀밭에 넓게 산다. 엉겅퀴, 코스모스, 큰금계국 등의 꽃에서 꿀을 빤다. 제주를 포함한 전국 곳곳에 살며 5월 중순~10월에 2~3번 나온다. 먹이 식물은 떡쑥이며 어른벌레로 겨울을 난다.

네57. 유리창나비

황갈색이데 햇빛을 받으면 황금빛으로 보인다. 앞날개 끝에는 막질의 투명한 오이씨 모양 무늬가 있어 이채롭다. 암컷은 흑갈색이다. 수컷은 계곡 낀 산길에 잘 내려앉으며 나무 끝에 자리 잡고 텃세를 부린다. 애벌레는 잎을 붙여 은신처를 만들어 몸을 숨기고 먹이 활동을 한다. 남·서해 해안 지역을 제외한 전국에 국지적으로 살며 4월 중순에 한 번 나온다. 먹이 식물은 팽나무와 풍개나무이며 번데기로 겨울을 난다.

촬영 노트

유리창나비를 처음 채집한 곳은 소양강댐 밑에 있는 오봉산이다. 그곳에서 텃세 부리는 수컷 두 마리를 채집하고 기뻤다. 천마산 상명여대 생활관 옆 숲에서 철조망 지주목에 앉은 암컷을 채고도 놓쳤을 때의 안타까움은 오래 가시지 않았다. 그 후 화야산이 알려지기 시작했다. 그 산에는 풍게나무가 많아 그 나무를 먹이식물로 하는 나비들이 많았다. 유리창나비도 많아 수컷은 채집이 용이했으나 암컷은 번번이 실패하다 나비 채집 18년 만에 채집했다 (나 찾 여 106쪽). 한 번은 산길을 따라 올라가는데 암컷이 물에 스치듯 낮게 날아오다가 앞 바위에 앉았다. 조심스럽게 다가가 연속 촬영했다. 나비 상태가 A급이었고 배경도 좋아 만족스런 사진이 되었다. 이 사진은 한국나비학회 학회지의 표지 사진으로 수록했었다. 몇 년 전에 그곳에 가서 절 앞마당가에 앉아 암컷이 오기를 기다리고 있었다. 그때 학회 회원이 위로 지나가며 자기는 땅바닥에 앉는 나비는 배경이 좋지 않아 찍지 않는다고 했다. 그러고 조금 지났을 때 암컷이 날아와 앉았다. 사진기를 들고 다가가는데 제풀에 놀라 날아올라 산길을 따라 날아갔다. 혹시나 하고 뒤따라가 보니 바로 밑의 다리 옆 돌에 앉아 날개를 펴고 햇볕을 쬐고 있었다. 그 나비를 사진 찍었는데 잘 나와 이 책에 수록했다. 수컷 사진은 짐승의 배설물에 빨대를 박고 영양을 섭취하는 사진을 골랐다. 여러 사진 중 황금빛이 잘 나타났기 때문이다. 이 책을 내고 나면 화야산에 가서 유리창나비를 촬영할 마음도 사라질 것 같아 걱정이다. 일생 동안 도전하던 목표가 하나씩 사라진다는 것은 걱정스러운 일이 아닐 수 없다.

네57-4. 햇볕 쬐는 암컷. 경기 화야산

네58. 먹그림나비

먹물 같은 흑갈색이지만 햇빛을 받으면 청자색으로 보인다. 날개 끝에 이중의 고리 무늬가 있어 단순미와 고귀한 느낌이 든다. 수컷은 땅바닥에 잘 앉으며 산 능선의 나뭇가지에 자리 잡고 텃세를 부린다. 애벌레는 잎의 주맥에 자리 잡고 잎 살을 갉아먹으며 자란다. 제주와 중부 이남 지역, 서해안 지역에 살며 5월 중순에 봄형, 7월 하순에 여름형이 나온다. 먹이 식물은 나도밤나무이며 번데기로 겨울을 난다.

촬영 노트

오래전에 충남 태안의 천리포 쪽에 숙소를 잡고 머물렀다. 아침에 포충망과 카메라를 들고 산쪽으로 산책을 나갔다. 산길에 들어서니 까만 먹그림나비들이 앉아 햇볕을 쬐고 있어 사진 찍고 채집도 했다. 이 나비는 제주와 남쪽 지방에 산다고 알고 있었는데 그곳에서 보니 반가웠다. 산 쪽으로 올라가니 나도밤나무 숲이 있었고 진 나오는 참나무도 있었다. 그곳에 먹그림나비 몇 마리가 진을 빨고 있어 촬영했는데 다행히 빨간 빨대로 진 빠는 장면이 잘 포착되었다. 필름 카메라로 찍은 사진을 인화하여 보관하였는데 이번에 스캔하여 수록했다. 얼마 전부터는 대부도의 나도밤나무 숲에 다니며 이 나비를 찾아보고 있다. 그런데 이상한 것은

네58-5. 햇볕 쬐는 암컷. 경기 대부도

애벌레는 매년 보이는데 나비는 보이지 않았다. 휙 나는 것, 높은 곳에 자리 잡고 텃세 부리는 수컷 그리고 산란하는 암컷을 한 번씩 보았을 뿐이다. 그래서 나도밤나무를 화분에 옮겨 심어 베란다에서 애벌레를 사육했다. 애벌레는 자라면서 허물을 벗

을 때마다 아주 다른 모양으로 변했다. 어린 애벌레는 잎의 주맥에 자리 잡고 잎을 갈래갈래 잘라 위장하고 자란다. 얼마 후에는 염주 같은 모양으로 변하고 한 번 더 허물을 벗으면 갈색 머리에 긴 두 뿔이 난 사나운 모양으로 변한다. 그 후 크기가 더 자란 후 종령 애벌레가 되면 몸에 녹색을 띤다. 번데기가 된 후 색깔이 변하면 카메라를 장치하고 우화하여 나온 나비가 날개를 말릴 때를 기다려 촬영했다. 태안에서 찍은 사진과 사육하여 나온 나비를 찍은 사진으로 면을 구성하였다.

네59. 오색나비

햇빛을 받으면 청람색의 고운 빛깔이 넓게 퍼져 있어 아름답다. 자색형과 황색형이 있는데 앞날개의 흰색 선이 짧고 뒷날개의 흰색 줄은 뭉뚝하게 끊긴 모양이다. 수컷은 땅바닥과 오물에 잘 모여 들며 나뭇가지에 앉아 텃세를 부린다. 암·수컷 모두 참나무 등의 진에서 영양을 섭취한다. 강원 일부 지역에 살며 6월 하순에 한 번 나온다. 먹이 식물은 갯버드나무와 황철나무이며 애벌레로 겨울을 난다.

촬영 노트

《한국 접지》(이승모 1982)가 나왔을 때 그 도감에서 오색나비를 처음 보았다. 짙은 청람색이 날개 가득하고 흰색 선과 점들이 짧고 작아 절제된 아름다움을 지닌 나비였다. 황오색나비만 보아온 나에게 차원이 다른 아름다움과 고상함을 지닌 나비로 느껴졌다. 그 후 가리왕산, 오대산을 다니며 이 나비를 찾아다녔다. 그 산에서는 흔해서 쉽게 볼 수 있었다. 그때 이렇게 많은 나비를 지금까지 왜 모르고 지냈을까 하는 생각을 했다. 그 뒤 채집을 열심히 해서 내가 낸 나비도감에는 뒷날개의 흰색 선의 형태 차이로 3가지 형으로 나누어 암·수컷을 수록했다. 몇 년 전에 오대산에 갔다. 그곳 상원사 입구 주차장에 차를 세우는데 오색나비 수컷이 땅바닥에 앉아 물 빠는 것이 눈에 띄었다. 차에 내려 사진을 찍기 시작했다. 나비는 다가가면 놀라 날아가는데 근처를 빙 돌고 다시 그 자리에 오곤 했다. 그러기를 한 시간 넘게 지속되는 동안 아내와 함께 촬영했다. 청람색이 잘 나타나고 빨대를 뻗어 물 빠는 순간이 잘 포착된 사진을 찍기 위해서 많이 찍었다. 차를 타고 내려오는데 길바닥에 앉았던 나비가 날아올라 나뭇잎에 앉았다. 내려서 나비와 마주 보는 위치에서 촬영했다. 그날 찍은 사진들 중 좋은 사진 두 장을 선정했다. 또 오래전에 오대산 조개골에서 찍은 암컷 사진 등으로 면을 구성했다.

네59-6. 햇볕 쬐는 수컷. 강원 해산

네60. 황오색나비

오색나비와 비슷하지만 앞날개의 흰색 선이 길고 흰색 점이 크다. 뒷날개의 흰색 선은 끝이 가늘게 끝난다. 자색형과 황색형이 있다. 숲에 살지만 버드나무가 있는 마을 주변에서도 산다. 참나무 등의 나뭇진에 모여들어 영양을 섭취한다. 수컷은 땅바닥과 돌 위에 잘 앉고 나뭇가지에 자리 잡고 텃세를 부린다. 제주도를 제외한 전국에 살며 6월 중순~10월에 1~2번 나온다. 먹이 식물은 갯버들나무와 수양버드나무이며 애벌레로 겨울을 난다.

촬영 노트

강원도 광덕산에 자주 다닐 때였다. 어느 날 아침나절에 산 중턱쯤 올라갈 때였는데 산길에 나비들이 많이 앉아 있는 것이 눈에 띄었다. 다가가 보니 산짐승이 갓 본 변에 황오색나비들이 바글바글 모여들어 노란 빨대를 뻗어 그것을 빨고 있었다. 조용히 엎드려 촬영하는데 그때도 나비들이 연신 모여들었다. 그때 찍은 사진은 구도가 좋아 이 책에 수록했다. 오색나비류를 촬영할 때는 날개의 청람색이 잘 나타나게 찍는 것이 포인트다. 땅에 앉았을 때 가능하지만 나뭇잎에 앉은 나비는 한 쪽만이라도 색상이 잘 포착되면 만족하기 마련이다. 암컷은 광덕산의 헬기장 가에 있는 큰 참나무에서 진 빠는 것을 촬영했다. 수컷 두 마리가 마주 보고 진을 빠는 사진은 일본인 친구 요시다 테츠야 씨가 협찬한 것이다. Apatura 연구가인 그는 일본 학회지에 내가 낸 나비도감 개정판을 소개해 준 고마운 사람이다.

네60-5. 물 빠는 수컷. 강원 광덕산

네61. 번개오색나비

날개 중심부에 청자색이 넓게 퍼져 있고 앞날개에는 흰색 선과 점이 있다. 뒷날개에 있는 흰색 선이 벼락 칠 때 번쩍하는 불빛 모양과 같다 해서 붙여진 이름이다. 잡목림 숲에 살며 산 능선과 정상에서 활동한다. 수컷은 공터나 산길에 잘 내려앉으며 짐승의 배설물에 잘 모여든다. 또 나뭇가지에 자리 잡고 거칠게 텃세를 부린다. 중부 이북 지역에 살며 6월 하순에 한 번 나온다. 먹이 식물은 호랑버들이며 애벌레로 겨울을 난다.

네62. 밤오색나비

흑갈색이어서 밤처럼 어둡게 보인다 해서 붙여진 이름이다. 앞뒤 날개에 흰색 선과 점들이 배열되어 있어 우람하고 활기찬 느낌이 든다. 다른 오색나비들과 달리 은판나비와 같은 속의 나비이다. 느릅나무의 진을 빨며 수컷은 짐승의 배설물에서 영양을 섭취한다. 수컷은 높은 곳에 자리 잡고 사납게 텃세를 부린다. 충북 일부와 강원 지역에 살며 6월 중순에 한 번 나온다. 먹이 식물은 느릅나무이며 애벌레로 겨울을 난다.

촬영 노트

《한국 접지》(이승모 1982)에서 처음 이 나비를 보고 많이 놀랐다. 그때까지 한 번도 보지 못한 새로운 나비의 등장은 놀랍고 당황스러웠다. 또 하나의 새로운 과제가 주어진 것이고 그것을 해결하기까지는 부담감으로 시달렸다. 그러던 중 강원도 쌍용의 새슬막 시대가 열렸다. 그곳에는 이 나비가 많았다. 그곳에 여러 해 드나들며 채집한 암·수컷 표본으로 나비도감의 도판을 꾸밀 수 있었다(나 찾 여 97쪽). 몇 년 전에 다시 그곳에 갔다. 산 능선에 오르기 위해 마을 옆 둑길을 지나는데 아래의 마른 바닥에 수컷들이 많이 모여 있는 것이 눈에 띄었다. 가까이 가 보니 짐승의 변에 여러 마리가 모여들어 빨대를 뻗어 그것을 게걸스럽게 빨고 있었다. 길에 엎드려 많이 찍었는데 사진이 잘 나와 이 책에 수록하였다. 조금 더 올라가서 나뭇잎과 절벽에 자리 잡고 텃세 부리는 수컷들을 촬영했다. 그리고 오래 전에 새술막 능선에서 나무 잎에 앉은 암컷을 촬영한 사진으로 면을 구성했다.

네62-5. 텃세 부리는 수컷. 강원 쌍용

네63. 은판나비

뒷날개 아랫면이 은으로 도금한 것 같은 은판(銀板) 색상이어서 붙여진 이름이다. 검은색인 앞날개 끝에는 흰색 선과 점이 있고 뒷날개 중앙에 큰 흰색 무늬가 있는데 그 외연부에 자색 테가 있다. 뒷날개 아랫면은 은판 색상에 황갈색 줄이 있어 고상하고 독특한 느낌이 든다. 산의 잡목림 숲에 살며 참나무 진에서 진을 빨고 간혹 개회나무 등의 꽃에서 꿀을 빤다. 수컷은 땅바닥에 무리 지어 앉아 물을 빤다. 제주와 섬 지역을 제외한 전국에 살며 6월 중순에 한 번 나온다. 먹이 식물은 느릅나무와 느티나무 이며 애벌레로 겨울을 난다.

네64. 왕오색나비

날개 기부와 중앙부는 청람색이고 그 외 부분은 흑갈색이다. 앞뒤 날개에는 흰색과 황색 점들이 배열되어 있고 뒷날개 후각에 황적색 반점이 있다. 크고 활기찬 이 나비가 힘차게 날 때에는 숲의 지배자 같은 느낌이 든다. 산림에 살며 무리 지어 참나무 등의 진을 빤다. 수컷은 땅바닥과 오물에 잘 앉으며 산능선의 나무에 자리 잡고 거칠게 텃세를 부린다. 제주를 포함한 전국 곳곳에 산다. 6월 중순에 한 번 나온다. 먹이 식물은 팽나무와 풍개나무이며 애벌레로 겨울을 난다.

네65. 흑백알락나비

검은색이며 앞뒤 날개에 흰색 선과 점들이 배열되어 단순하면서도 산뜻하다. 봄형은 바탕색이 옅다. 산림에 살며 참나무와 느릅나무 등의 진을 빤다. 수컷은 땅바닥에 잘 앉으며 짐승의 배설물에 모여들어 영양을 섭취한다. 제주를 제외한 전국에 살며 6월 중순에 봄형, 7월 하순에 여름형이 나온다. 먹이 식물은 팽나무와 풍개나무이며 애벌레로 겨울을 난다.

네66. 홍점알락나비

검은색이며 앞뒤 날개에 흰색 선이 배열되었고 뒷날개 아외연부에 적황색 둥근 무늬가 연결되어 있어 호화스럽다. 5월 하순에 나오는 1화(化)가 7월 하순에 나오는 2화 보다 크다. 산림에 살며 참나무에서 진을 빤다. 수컷은 땅바닥에 잘 앉으며 나무 끝에 앉아 텃세를 부린다. 제주를 포함한 전국 곳곳에 살며 먹이 식물은 팽나무와 풍개나무이고 애벌레로 겨울을 난다.

촬영 노트

이 나비는 진이 나오는 참나무를 찾으면 사진 찍고 채집하기가 용이하다. 그러나 요즘은 어떤 원인인지 진 나오는 나무 찾기가 쉽지 않다. 다행히 제주의 프시케월드 뒤 숲에는 진 나오는 참나무가 있었는데 그곳에 여러 곤충이 모여들었다. 그중에서 홍점알락나비가 유난히 돋보였다. 제주의 홍점알락나비는 뒷날개의 붉은 점이 크게 발달하여 더 호화롭다. 한 번은 숲에 가서 진 나오는 나무를 찾았는데 나뭇진에 10여 마리가 모여들어 가지가 벌겋게 보였다. 최대한 여러 마리가 포착되도록 찍었지만 마음 같이 안 되었다. 진 나오는 가지가 그늘에 가렸기 때문이고, 또 나비들이 가지 뒤에 앉기도 하고 분산되었기 때문이다. 그때 찍은 사진 중 잘 나온 것과 암컷이 날개 편 것, 날개 접은 컷 그리고 짝짓기 사진으로 면을 구성했다. 진에 앉은 나비를 볼 때면 어릴 때 고향 집 뒷산에서 참나무 진에 앉은 나비를 손으로 잡았던 추억이 아련히 떠오른다 (나찾 여 14쪽).

네66-5. 참나무 진 빠는 수컷. 제주 애월

네67. 수노랑나비

수컷의 색상이 황갈색으로 누렇게 보여 붙여진 이름이다. 암컷은 흑갈색에 흰색 점과 선이 배열되었고 날개 외연부에 황갈색 테두리가 있다. 숲에 살며 참나무 등의 진에 모여들고 수컷은 나무줄기에 앉아 거칠게 텃세를 부린다. 어린 애벌레는 집단생활을 하다가 자라면서 흩어져 독립생활을 한다. 제주도와 남해안 지역을 제외한 전국에 살며 6월 중순에 한 번 나온다. 먹이 식물은 팽나무와 풍개나무이며 애벌레로 겨울을 난다.

네68. 대왕나비

수컷은 황적색이며 검은색 점과 선이 배열되어 있다. 암컷은 검은색이고 흰색 점과 선이 배열되어 있다. 또 앞날개 기부에 적황색 무늬가 있으며 크고 우람하며 기품이 있어 보인다. 산림에 살며 참나무 진을 빤다. 수컷은 땅바닥에 잘 내려앉으며 동물의 사체에 무리 지어 영양을 섭취한다. 제주를 제외한 전국에 살며 6월 하순에 한 번 나온다. 먹이 식물은 굴참나무와 신갈나무이며 애벌레로 겨울을 난다.

촬영 노트

내가 자주 가는 화야산 산길에서 수컷을 자주 볼 수 있었다. 주로 땅바닥에 앉아 물을 빠는 모습이었다. 또 들쥐 등 짐승의 부패한 사체에서 무리지어 영양을 섭취하는 것도 가끔 보았다. 그러나 암컷은 보기가 어려웠다. 집으로 올 때에 국도를 이용하면 좌측으로 올라가는 차도와 만나는데 오리학교(음식점) 쪽으로 들어서면 새로운 숲길이 있다. 차도의 막다른 곳에서 언덕길을 오르면 낮은 산 봉우리가 나온다. 그곳의 큰 참나무가 있는데 아래쪽에서 진이 나와서 여러 나비가 날아들었다. 황알락그늘나비, 수노랑나비, 홍점알락나비 등이었다. 그래서 그곳에 자주 들렀는데 한 번은 그 나무에 대왕나비 암컷이 날아와 유백색 빨대를 내밀어 진을 빠는 것이 눈에 띄었다. 다가가 몇 장 찍었는데 좋게 나와 이 책에 수록했다. 나뭇잎이나 땅에 앉은 사진은 책에서 보았지만 진 빠는 암컷 사진은 보지 못해 귀한 사진으로 생각된다.

네68-3. 물 빠는 수컷. 경기 화야산

네발나비과 뱀눈나비아과
(Nymphalidae Satyrinae)

네76-3 가락지나비 수컷

애물결나비

Ytpima baldus (Fabricius, 1775)

네69-1. 햇볕 쬐는 수컷. 강원 대관령 09.9.7

네69-2. 쉬고 있는 암컷. 경기 양평 14.7.10

네69-3. 짝짓기. 경기 정개산 11.8.14

물결나비

Ytpima multistriata Butler, 1883

네70-1. 쥐똥나무꽃에서 꿀 빠는 수컷.
제주 애월 13.6.25

네70-2. 햇볕 쬐는 암컷.
제주 애월 15.6.30

네70-3. 짝짓기. 제주 애월 12.6.27

석물결나비

Ytpima motshulskyi Bremer & Grey, 1853

네71-1. 거지덩굴꽃에서 꿀 빠는 수컷.
제주 애월 06.6.24

네71-2. 쉬고 있는 암컷. 제주 애월 09.6.17

네71-3. 짝짓기. 제주 애월 10.7.4

부처나비

Mycalesis gotama Moore, 1857

네72-1. 햇볕 쬐는 수컷. 경기 정개산 15.7.3

네72-2. 쉬고 있는 암컷. 경기 용문산 09.5.25

네72-3. 짝짓기. 강원 양구 08.8.9

부처사촌나비 1

Mycalesis francisca (Stoll, 1780)

네73-1. 쉬고 있는 수컷. 제주 애월 08.5.16

네73-2. 절벽에서 물 빠는 수컷. 경기 화야산 08.5.16

부처사촌나비 2

네73-3. 쉬고 있는 암컷. 제주 애월 14.6.27

73-4. 쉬고 있는 암컷. 제주 애월 13.7.8

외눈이지옥나비

Erebia cyclopius (Eversmann, 1844)

네74-1. 산딸기꽃에서 꿀 빠는 수컷. 강원 대화 10.5.20

네74-2. 햇볕 쬐는 수컷. 강원 대화 10.5.26

네74-3. 쉬고 있는 암컷. 강원 오대산 05.5.28. 협찬 안흥균

외눈이지옥사촌나비

Erebia wanga Bremer, 1864

네75-1. 쉬고 있는 수컷. 강원 서림 10.5.16

네75-2. 고추나무꽃에서 꿀 빠는 암컷. 강원 서림 10.5.16

가락지나비

Aphantopus hyperantus Linnaeus. 1758

네76-1. 금방망이꽃에서 꿀 빠는 수컷. 제주 한라산 08.7.30

네76-2. 쉬고 있는 암컷. 제주 한라산 08.7.30

참산뱀눈나비 1

Oeneis mongolica Oberthür, 1876

네77-1. 햇볕 쬐는 수컷. 강원 쌍용 12.5.20

네77-2. 햇볕 쬐는 암컷. 강원 대화 10.5.28

네77-3. 쉬고 있는 암컷. 강원 대화 10.5.28

참산뱀눈나비 2

네77-4. 쉬고 있는 수컷. 제주 한라산 11.6.8

네77-5. 쉬고 있는 수컷. 강원 서림 04.5.12

네77-5. 햇볕 쬐는 암컷. 강원 서림 11.5.26

시골처녀나비

Coenonympha amaryllis (Stoll, 1782)

네78-1. 쉬고 있는 가을형 수컷.
충남 황금산 09.8.8

네78-2. 큰금계국 꽃에서 꿀 빠는 암컷.
서울 관악산13.7.13

네78-3. 쉬고 있는 가을형 암컷. 충남 황금산 09.8.8

봄처녀나비 1

Coenonympha oedippus (Fabricius, 1787)

네79-1. 조뱅이꽃에서 꿀 빠는 수컷. 충북 고명리 01.5.20

네79-2. 개망초꽃에서 꿀 빠는 암컷. 충북 고명리 01.5.20

봄처녀나비 2

네79-3. 쉬고 있는 암컷. 충북 고명리 11.6.11

네 79-4. 짝짓기. 충북 고명리 18.6.17. 협찬 손상규

도시처녀나비 1

Coenonympha hero Linnaeus. 1761

네80-1. 개망초꽃에서 꿀 빠는 수컷. 충북 고명리 11.6.12

네80-2. 쉬고 있는 수컷. 강원 대화 10.6.4

도시처녀나비 2

네80-3. 쉬고 있는 암컷. 충북 고명리 11.6.11

네80-4. 쉬고 있는 암컷. 충북 고명리 10.6.4

산굴뚝나비 1

Hipparchia autonoe (Esper, 1783)

네81-1. 두메층층이꽃에서 꿀 빠는 암컷. 제주 한라산 08.7.30

산굴뚝나비 2

네81-2. 쉬고 있는 수컷. 제주 한라산 08.8.30

네81-3. 햇볕 쬐는 암컷. 제주 한라산 08.8.30

네81-4. 쉬고 있는 암컷. 제주 한라산 08.8.30

굴뚝나비 1

Minois dryas (Scopoli, 1763)

네82-1. 흰색 붓들레아꽃에서 꿀 빠는 수컷. 제주 애월 12.8.5

네82-2. 달맞이꽃에서 꿀 빠는 암컷. 제주 애월 08.8.14

굴뚝나비 2

네82-3. 엉겅퀴꽃에서 꿀 빠는 암컷. 제주 애월 09.8.2

네82-4. 짝짓기. 제주 애월 12.7.26

황알락그늘나비

Kirinia epaminondas (Staudinger, 1887)

네83-1. 쉬고 있는 수컷. 강원 대관령 09.7.31

네83-2. 쉬고 있는 암컷. 강원 대관령 07.8.11

알락그늘나비

Kirinia epimenides (Ménétriès, 1859)

네84-1. 쉬고 있는 수컷. 경기 정개산 16.6.27

네84-2. 쉬고 있는 암컷. 강원 설악산 14.8.1

뱀눈그늘나비

Lopinga deidamia (Eversmann, 1851)

네85-1. 참나리꽃에서 꿀 빠는 수컷. 서울 관악산 11.8.10

네85-2. 절벽에서 물 빠는 수컷.
강원 인제 15.6.6. 협찬 이용상

네85-3. 햇볕 쬐는 수컷. 강원 양구 14.7.20

눈많은그늘나비

Lopinga achine (Scopoli, 1763)

네86-1. 쉬고 있는 수컷. 강원 광덕산 02.6.28

네86-2. 쉬고 있는 암컷. 충북 고명리 11.6.11

네86-3. 햇볕 쬐는 암컷. 충북 고명리 11.6.11

먹그늘나비

Lethe diana (Butler, 1866)

네87-1. 쉬고 있는 수컷. 제주 한라산 11.6.8

네87-2. 쉬고 있는 수컷. 강원 계방산 11.7.10

네87-3. 쉬고 있는 암컷. 충북 고명리 11.6.11

먹그늘붙이나비

Lethe marginalis (Motschulsky, 1860)

네88-1. 쉬고 있는 수컷. 강원 해산 10.7.9

네88-2. 쉬고 있는 수컷. 경기 천마산 98.7.18

네88-3. 쉬고 있는 암컷. 경북 안동 05.7.20. 협찬 백문기

왕그늘나비

Ninguta schrenkii (Ménétriès, 1858)

네89-1. 쉬고 있는 수컷. 강원 광덕산 07.7.13

네89-2. 쉬고 있는 암컷. 강원 광덕산 09.7.9

네89-3. 짝짓기. 경기 정개산 10.7.20. 협찬 손상규

조흰뱀눈나비 1

Melanargia epimede (Staudinger, 1887)

네90-1. 금방망이꽃에서 꿀 빠는 암수 무리. 제주 한라산 04.7.30

조흰뱀눈나비 2

네90-2. 개망초꽃에서 꿀 빠는 수컷. 서울 관악산 02.7.23

네 90-3. 개망초꽃에서 꿀 빠는 수컷. 경기 무이도 03.6.22

네90-4. 구절초꽃에서 꿀 빠는 암컷. 강원 계방산 12.8.17

흰뱀눈나비 1

Melanargia halimede (Ménétriès, 1859)

네91-1. 붓들레아꽃에서 꿀 빠는 암컷(황색형). 제주 애월 17.8.23

흰뱀눈나비 2

네91-2. 엉겅퀴꽃에서 꿀 빠는 수컷
제주 애월 11.7.10

네92-3. 가시엉겅퀴꽃에서 꿀 빠는 암컷.
제주 애월 11.7.5

네91-4. 짝짓기. 제주 애월 11.7.5

네발나비과 뱀눈나비아과(Satyrinae)나비의 형태·생태 설명과 촬영 노트

네69. 애물결나비

흑갈색이며 날개 아랫면에 잔잔한 물결무늬가 있는 작은 나비다. 뒷날개 아랫면 아외연부에 작은 뱀눈 무늬가 다른 물결나비에 비해 2쌍 더 있다. 풀밭에 살며 연약하게 날아다니며 토끼풀, 엉겅퀴 등의 꽃에서 꿀을 빤다. 제주를 제외한 전국에 살며 5월 중순~9월에 2~3번 나온다. 먹이 식물은 잔디와 바랭이이며 애벌레로 겨울을 난다.

네70. 물결나비

흑갈색이며 앞날개 중앙부에 짙은 흑갈색 부분이 나타나는 것이 특징이다. 앞날개 아랫면에는 한 쌍의 뱀눈 무늬가 있고 뒷날개에는 세 쌍의 뱀눈 무늬가 있다. 산의 낮은 곳과 논, 밭, 둑 등의 풀밭에 산다. 멈칫멈칫 날아다니며 개망초, 토끼풀 등의 꽃에서 꿀을 빨며 나뭇잎에서 날개를 펴고 쉴 때가 많다. 제주를 포함한 전국에 살며 5월 중순~9월에 2~3번 나온다. 먹이 식물은 바랭이와 참억새이며 애벌레로 겨울을 난다.

네71. 석물결나비

흑갈색이며 물결나비와 비슷하다. 앞날개 아랫면 날개 끝 뱀눈 무늬 주변에 달무리 같은 짙은 흑갈색의 물결무늬가 감싸고 있다. 저산 지대와 밭둑과 풀밭에 사는데 멈칫멈칫 날아다니며 엉겅퀴, 토끼풀 등의 꽃에서 꿀을 빤다. 제주를 포함한 전국 곳곳에 살며 5월 중순~9월에 2~3번 나온다. 먹이 식물은 실새풀과 참억새이며 애벌레로 겨울을 난다.

네72. 부처나비

황갈색이며 앞날개에 작은 뱀눈 무늬와 큰 뱀눈 무늬가 한 쌍씩 있다. 뒷날개 윗면에는 뱀눈 무늬가 없으나 아랫면에는 뱀눈 무늬가 있고 그 옆을 지나는 흰색 선이 직선형이다. 낮은 지대의 산길 옆 도랑 등 숲의 그늘진 곳에서 활동한다. 느릅나무, 참나무 등의 진에 모여들지만 꽃은 찾지 않는다. 제주를 제외한 전국에 살며 4월 중순~10월 초순에 2~3번 나온다. 먹이 식물은 조개풀과 참억새이며 애벌레로 겨울을 난다.

네73. 부처사촌나비

흑갈색이며 앞날개 윗면에 작은 뱀눈 무늬와 큰 뱀눈 무늬가 있다. 앞날개 아랫면에는 작은 뱀눈 무늬와 큰 뱀눈 무늬가 있는데 흰색 선이 큰 뱀눈 무늬 옆에서 기부 쪽으로 휜다. 뒷날개 아랫면에는 크기가 다른 7개의 뱀눈 무늬가 있다. 낮은 지역 풀밭에 살며 반 그늘진 숲에 활동하는데 꽃에는 앉지 않고 절벽이나 나무줄기에 앉아 쉰다. 제주를 포함한 전국 곳곳에 살며 4월 중순~10월에 2~3번 나온다. 먹이 식물은 실새풀과 참억새이며 애벌레로 겨울을 난다.

네74. 외눈이지옥나비

흑갈색이며 앞날개 끝에 주황색 테에 흰 점이 두 개인 뱀눈 무늬가 있다. 뒷날개 아랫면 아외연부에 구름 모양의 회백색 무늬가 나타나는 것이 특징인데 개체 간에 변이가 있다. 산중턱 위의 숲에 사는데 땅바닥에 날개를 펴고 잘 앉으며 고추나무, 고광나무 등의 꽃에서 꿀을 빤다. 강원 동북부 지역에 살며 5월 하순에 한 번 나온다. 먹이 식물은 김의털과 가는잎그늘사초이며 애벌레로 겨울을 난다.

네75. 외눈이지옥사촌나비

외눈이지옥나비와 비슷하나 앞날개의 뱀눈 무늬의 주황색 테가 가늘다. 또한, 뒷날개 아랫면 중앙부에 작은 유백색 점이 있다. 잡목림 숲에 살며 고추나무, 조팝나무 등의 꽃에서 꿀을 빤다. 수컷은 산길 바닥과 절벽면에 잘 앉는다. 남부 지역을 제외한 전국에 살며 5월 하순에 한 번 나온다. 먹이 식물은 김의털과 가는잎그늘사초 등이며 애벌레로 겨울을 난다.

네76. 가락지나비

흑갈색이며 앞날개 끝에 작은 뱀눈 무늬가 2개 있고 앞뒤 날개 아랫면의 뱀눈 무늬들이 가락지(반지) 모양이다. 조용히 날아다니며 곰취, 금방망이, 엉겅퀴 등의 꽃에서 꿀을 빤다. 한라산 1,400m 이상의 풀밭에 살며 6월 중순에 한 번 나온다. 먹이 식물은 포아풀과 가는잎그늘사초 등이며 애벌레로 겨울을 난다.

네77. 참산뱀눈나비

황갈색이지만 변이가 많아 회백색이나 흑갈색인 개체도 있다. 또 뱀눈 무늬 수와 형태의 차이가 심하게 나타나는데 간혹 뱀눈 무늬가 없는 개체도 있다. 산 능선의 풀밭에 살며 국수나무 등의 꽃에서 꿀을 빤다. 수컷은 마른 풀 잎에 날개를 펴고 햇볕을 쬐며 미약하게 텃세를 부린다. 제주 한라산을 포함한 전국에 살며 5월 초순에 한 번 나온다. 먹이 식물은 김의털, 가는잎그늘사초 등이며 애벌레로 겨울을 난다.

촬영 노트

《원색한국나비도감》(교학사 2002)에는 참산뱀눈나비와 함경산뱀눈나비가 별종으로 수록되어 있다.
그 후 학계의 검토 결과 두 종이 동일종으로 판명되었다. 이로 인해 함경산뱀눈나비로 여겨졌던 나비는 참산뱀눈나비의 지역 변이로 보는 것이 타당하게 되었다. 나비의 종(種)은 형태 종과 생물학적 종으로 나눈다. 형태 종은 나비의 모양이나 색상 무늬의 유사성으로 나누는 고전적 방식이다. 그런데 형태적으로는 동일종으로 보이는데 생식적 격리가 되어 타 종의 가능성이 있는 종이 있다. 그런 경우는 생물학적 종의 기준으로 규명하게 되는데 생식기 비교와 유전자(DNA) 조사 등으로 종을 판별한다. 함경산뱀눈나비를 별종으로 취급할 때 이 나비를 찾아 많은 곳을 찾아다녔다. 한라산과 강원도의 서림, 대화 등이다. 강원도 양양 쪽에 있는 서림에 가서 많은 개체를 채집하고 사진 찍었다. 그곳의 나비들을 보았을 때 참산나비와는 현저한 차이점이 있어 보였다(나 찾 여 263쪽). 또한, 변이가 심해 황갈색인 것, 적갈색인 것, 흑갈색인 것, 뱀눈 무늬 없는 것, 뱀눈 무늬 많은 것 등 다양했다. 그때 촬영한 사진과 한라산서 찍은 사진들로 함경산뱀눈나비로 취급하던 나비 사진으로 한 면을 구성했다. 그리고 전형적인 참산뱀눈나비 사진으로 면을 구성하여 비교하여 볼 수 있도록 했다.

네77-7. 햇볕 쬐는 수컷. 강원 쌍용

네78. 시골처녀나비

밝은 황갈색이며 앞날개 위 아랫면 날개 끝에 2~3개의 뱀눈 무늬가 있다. 뒷날개 아랫면은 옅은 흑갈색이고 아외연부에 6~8개의 뱀눈 무늬가 있고 그 위쪽에 유백색 선이 있다. 늦가을형은 적갈색을 띤다. 조용히 날아다니며 기린초, 민들레 등의 꽃에서 꿀을 빤다. 다소곳이 날개를 접고 꿀 빠는 모습이 수줍은 시골 처녀 같아 붙여진 이름이다. 산기슭과 산소 주변, 밭둑 등의 풀밭에 산다. 제주와 강원 동북부 지역을 제외한 각지에 살며 5월 초순~9월 하순에 두 번 나온다. 먹이 식물은 잔디와 바랭이 등이며 애벌레로 겨울을 난다.

네79. 봄처녀나비

흑갈색이며 날개 윗면에는 뱀눈 무늬가 없다. 아랫면은 황갈색이고 앞날개에 3개의 뱀눈 무늬가 있다. 또 뒷날개에는 5개의 뱀눈 무늬가 있는데 그 아래에는 은색 선이 있고 위쪽에 유백색 선이 있다. 풀밭에서 천천히 날아다니며 개망초, 엉겅퀴, 토끼풀 등의 꽃에서 꿀을 빤다. 남해안 지역을 제외한 곳곳에 살며 6월 초순에 한 번 나온다. 먹이 식물은 강아지풀과 억새 등이며 애벌레로 겨울을 난다.

네80. 도시처녀나비

흑갈색이며 앞날개 끝에 뱀눈 무늬가 한 개 있다. 날개 아랫면에는 황적색 테의 뱀눈 무늬가 연결되었고 그 위를 유백색 선이 감싸고 아래에는 은색 선이 있다. 산의 낮은 곳과 밭둑 등의 풀밭에 산다. 나뭇잎에서 쉴 때가 많고 멈칫멈칫 날아다니며 개망초, 산딸기 등의 꽃에서 꿀을 빤다. 제주를 포함한 전국 곳곳에 살며 5월 초순에 한 번 나온다. 먹이 식물은 실사초와 김의털 등이며 애벌레로 겨울을 난다.

네81. 산굴뚝나비

흑갈색이며 앞날개 끝에 넓은 황갈색 부분에 테 없는 뱀눈 무늬가 2개 있다. 뒷날개 아랫면에는 뱀눈 무늬가 없고 유백색 물결무늬가 있다. 한라산 1,400m 이상의 관목림의 풀밭에 산다. 낮게 날아다니며 금방망이, 두메층층이 등의 꽃에서 꿀을 빤다. 수컷은 바위나 절벽 면에 잘 앉아 쉰다. 7월 초순에 한 번 나오며 먹이식물은 김의털이며 애벌레로 겨울을 난다. 천연기념물 나비로 1급 보호종이다.

촬영 노트

이 나비가 천연기념물로 지정되었을 때 대상 선정의 타당성에 의구심이 들었다. 다른 멸종 위기종 등 보호할 나비가 많은데 '왜 이 나비로 선정했을까' 하는 의문점이 있었다. 그러나 그런 생각은 시간이 지나면서 바뀌었다. 한라산 1,400m 이상의 관목림 초지에 국지적으로 사는 이 나비의 생태적 습성으로 볼 때 한라산 나비의 환경지표 종으로서의 가치가 있겠다는 생각을 했기 때문이다. 이 나비의 개체수 변화를 꾸준히 조사해 보면 온난화로 인한 기온 상승 등 환경 변화가 한라산 나비들의 생존에 어떤 영향을 주는지 알 수 있겠다고 생각했다. 이 나비는 다행히도 개체 수도 많고 국립공원이기 때문에 잘 보호되고 있다. 산길 위 절벽 면에 잘 앉아 쉬는데 접고 앉은 날개 색이 이끼 낀 바위 색과 비슷하여 보호색을 띤다. 산의 토사를 방지하기 위해 설치한 그물망 위 절벽에 앉아 쉬고 있는 수컷 사진과 암컷이 풀밭에서 날개 펴고 햇볕 쬐는 사진, 그리고 두메층층이꽃에서 꿀 빠는 사진으로 면을 구성했다.

네81-5. 쉬고 있는 수컷. 제주 한라산

네82. 굴뚝나비

흑갈색의 큰 나비로 앞날개 위 아랫면에는 2개의 검은색 뱀눈 무늬가 있다. 뒷날개 아랫면에는 굴뚝에서 흰 연기가 피어 나오는 모양과 같은 넓은 선이 있다. 야산과 밭 둑 등의 풀밭에 살며 산초나무, 엉겅퀴 등의 꽃에서 꿀을 빤다. 암컷은 수컷보다 훨씬 큰데 날개를 접고 꿀을 빨 때는 두 개의 뱀눈 무늬와 허연 연기 모양의 선이 두드러져 이 나비의 특징이 잘 나타난다. 제주를 포함한 전국 곳곳에 살며 6월 중순에 한 번 나온다. 먹이 식물은 참억새와 새포아풀이며 애벌레로 겨울을 난다.

네83. 황알락그늘나비

옅은 흑갈색이며 날개 윗면 뱀눈 무늬는 두드러지지 않는다. 뒷날개 아랫면에는 6개의 뱀눈 무늬가 뚜렷하게 나타나며 흑갈색의 가는 그물 선이 있다. 숲에 사는데 그늘진 나무 사이를 날아다니며 참나무, 느릅나무 등에서 진을 빤다. 남동해안 지역을 제외한 전국에 살며 6월 중순에 한 번 나온다. 먹이 식물은 참억새와 바랭이이며 애벌레로 겨울을 난다.

네84. 알락그늘나비

황알락그늘나비와 비슷하나 앞날개 외연선이 직선형이고 날개 색이 더 짙고 뒷날개 아랫면의 그물 선에 굵은 부분이 있다. 숲에 살며 그늘진 나무줄기나 절벽 면에 잘 앉는다. 수컷은 해 질 무렵에 거칠게 텃세를 부린다. 중부 이북 지역에 살며 6월 중순에 한 번 나온다. 먹이 식물은 참억새와 괭이사초이며 애벌레로 겨울을 난다.

네85. 뱀눈그늘나비

흑갈색이며 앞날개 끝에 큰 뱀눈 무늬가 한 개 있다. 뒷날개 아랫면에는 6개의 검은 뱀눈 무늬가 있고 유백색 선과 점들이 뱀눈 주변에 있는 것이 특징이다. 잡목림 숲에 살며 그늘진 계곡 주변과 산 능선까지 활동 범위가 넓으며 참나리, 개망초 등의 꽃에서 꿀을 빤다. 제주를 제외한 전국에 살며 5월 하순에 한 번 나온다. 먹이 식물은 참억새와 새이며 애벌레로 겨울을 난다.

네86. 눈 많은그늘나비

흑갈색이며 날개 위 아랫면에 황갈색 테의 타원형의 큰 뱀눈 무늬가 연결되어 있어 뱀눈 무늬가 가득 찬 느낌이 든다. 숲의 낮은 곳에 살며 그늘진 숲 사이를 날아다니다 나뭇잎에 앉아 쉴 때가 많다. 간혹 큰까치수영 등의 꽃에서 꿀을 빤다. 제주를 포함한 전국에 살며 6월 중순에 한 번 나온다. 먹이 식물은 참억새와 새이며 애벌레로 겨울을 난다.

네87. 먹그늘나비

흑갈색이며 앞날개 날개 끝 쪽으로는 색상이 옅고 작은 뱀눈 무늬가 두 개 있다. 앞날개 위 아랫면 날개 중앙부 위쪽의 유백색 선이 발달되었다. 뒷날개 아랫면에는 큰 뱀눈 무늬 사이에 작은 뱀눈 무늬가 있다. 숲에 살며 조릿대 사이를 날아다니며 텃세를 부린다. 새의 배설물이 있는 돌에 앉아 영양을 섭취한다. 제주를 포함한 전국 곳곳에 살며 6월 초순에 한 번 나온다. 먹이 식물은 조릿대이며 애벌레로 겨울을 난다.

네88. 먹그늘붙이나비

옅은 흑갈색이며 뒷날개 위 아랫면의 뱀눈 무늬가 뚜렷하다. 그리고 앞날개 중앙부를 감싸는 유백색 선이 가늘다. 숲에 살며 풀 사이를 낮게 날아다니며 나무의 진을 찾아 영양을 섭취한다. 바위나 산의 절벽 면에 앉아 쉬며 저녁나절 거칠게 텃세를 부린다. 제주를 제외한 전국에 살며 6월 중순에 한 번 나온다. 먹이 식물은 억새와 새이며 애벌레로 겨울을 난다.

네89. 왕그늘나비

연한 흑갈색이며 그늘나비류 중 가장 크다. 앞날개에는 뱀눈 무늬가 미약하나 뒷날개에는 흰색 점이 없는 검은 뱀눈 무늬가 4 개 있다. 뒷날개 아랫면 아외연부에 큰 뱀눈 무늬와 작은 뱀눈 무늬가 세 개씩 있다. 낮은 산의 숲에 산다. 숲 사이를 날아다니며 나뭇진과 새의 배설물을 찾아 영양을 섭취한다. 제주와 남부 지역을 제외한 전국에 살며 6월 중순에 한 번 나온다. 먹이 식물은 괭이사초와 그늘사초이며 애벌레로 겨울을 난다.

네90. 조흰뱀눈나비

뱀눈 나비 류 중 드물게 바탕색이 흰색이다. 앞날개 끝 부분과 뒷날개 날개 선 안쪽은 검은색인데 그곳에 흰색 선과 점들이 있다. 산의 풀밭에 사는데 제주도에서는 한라산 1,400m 이상의 숲에 산다. 밝은 곳에서 날아다니며 엉겅퀴, 금방망이, 구절초 등의 꽃에서 꿀을 빤다. 남해안 지역을 제외한 제주와 전국에 사는데 6월 중순에 한 번 나온다. 먹이 식물은 참억새와 띠이며 애벌레로 겨울을 난다.

촬영 노트

오래전에 서해안의 섬들을 찾아다니며 채집과 촬영을 했다. 육지와 격리된 지역이라 지역 변이가 있는 나비를 찾는 것이 목적이었다. 그 결과 제일줄나비와 암검은표범나비 그리고 조흰뱀눈나비의 지역 변이를 찾아내어 도감에 수록한 것이 큰 보람이었다. 그중 이작도 등에서 촬영한 조흰뱀눈나비는 앞날개가 거의 다 검은색이고 뒷날개도 중앙부의 반까지 검은색이어서 독특했다. 외형적으로는 내륙산과 같은 종으로 보기 어려울 정도로 지역 변이가 뚜렷했다. 제주에서는 한라산에서만 볼 수 있었는데 내륙산보다 작고 날개 아랫면이 누런 개체가 많다. 타래진 금방망이꽃에 수십 마리가 무리 지어 꿀을 빠는 것을 발견하여 촬영하였다. 수록한 사진은 나비들을 다 살리지 못하고 밀집한 부분을 커트한 사진이다. 지역 변이가 있는 나비를 찾아서 여러 곳을 여행하며 촬영을 하는 것은 새로운 기쁨이며 보람이었다. 내륙 산과 서해안의 섬 지역 산, 한라산의 나비 사진으로 면을 구성했다.

네90-4. 엉겅퀴꽃에서 꿀 빠는 수컷. 제주 한라산

네91. 흰뱀눈나비

조흰뱀눈나비와 비슷하나 크기가 크고 뒷날개 아랫면 중앙부에 검은색 물결 무늬가 있다. 또 아외연부의 삼각형 무늬가 크다. 제주에서는 한라산에는 없고 평지의 숲에는 많다. 숲 사이를 날아다니며 엉겅퀴, 큰까치수영, 곰취 등의 꽃에서 꿀을 빤다. 제주와 남해안 지역에 살며 6월 중순에 한 번 나온다. 먹이 식물은 참억새, 쇠풀이며 애벌레로 겨울을 난다.

팔랑나비과

Hesperiidae

팔3-5. 푸른큰수리팔랑나비 암컷

팔랑나비과 나비들은 다른 4과의 나비들과 비교되는 차이점이 있다. 가장 뚜렷한 차이점은 더듬이 모양이다. 다른 나비의 더듬이는 끝이 부풀어 면봉 모양이다. 그러나 팔랑나비는 더듬이의 부푼 부분에서 밖으로 구부러지고 끝이 가늘어져 호미 모양이다. 또 머리의 두 더듬이의 간격이 넓다. 그리고 가슴 부위가 발달하여 나는 속도가 빠르다. 대부분 소형 나비이며 어두운 흑갈색과 황갈색 나비이다. 꿀을 빠는 방화성이지만 새나 짐승의 배설물에서 영양을 섭취하는 종류도 많다. 특히 돌 위의 새 배설물에 모여드는데 배설물을 녹여서 빨아 영양을 섭취한다. 세계에 3,500여 종이 분포한다. 남한에는 큰수리팔랑나비아과(Caeliadinae) 3종, 흰점팔랑나비아과(Pyrginae) 6종, 팔랑나비아과(Hesperiinae) 19종 등 총 28종이 분포한다. 이 중 큰수리팔랑나비는 멸종된 것으로 추정된다. 북한 국지 종은 북방알락팔랑나비, 두만강꼬마팔랑나비 등 9종이다.

한살이(생활사)

한13. 멧팔랑나비 알

알

아랫 면이 평편한 반구형이다 표면에는 여러 개의 등줄기(종조, 縱條)가 있다. 유백색이 많지만 붉은색도 있다. 암컷은 먹이 식물 잎에 한 개씩 알을 낳는다. 왕자팔랑나비는 낳은 알을 배털로 덮는다.

애벌레

대부분 푸른빛을 띤 유백색으로 밋밋한 모양이다. 푸른큰수리팔랑나비 애벌레는 검은색 몸통에 유백색 띠가 있어 알록달록하다. 잎은 잘라 붙여 집을 만들어 숨거나 줄기 속으로 파고 들어가 은신하여 먹이 활동을 한다.

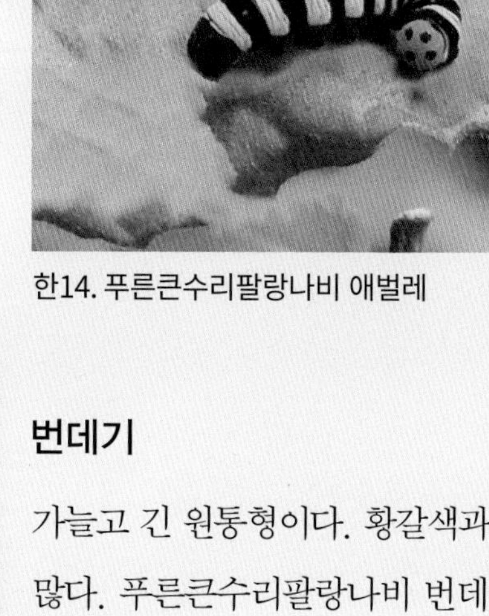
한14. 푸른큰수리팔랑나비 애벌레

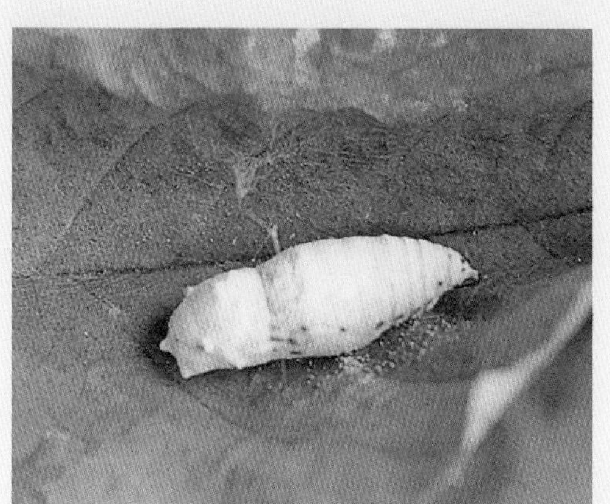
한15. 푸른큰수리팔랑나비 번데기

번데기

가늘고 긴 원통형이다. 황갈색과 흑갈색이 많다. 푸른큰수리팔랑나비 번데기는 흰색 가루로 덮여 있어 순백색이다. 머리 위쪽으로 뾰족한 돌기가 있는 종류도 있다.

독수리팔랑나비

Burara aquilina (Speyer, 1879)

팔1-1. 쥐똥나무꽃에서 꿀 빠는 수컷.
강원 오대산 09.7.3

팔1-2. 꿀 빠는 암컷.
강원 양구 11.7.2. 협찬 백문기

큰수리팔랑나비

Burara striata (Hewitson, 1869)

팔2-1. 쉬고 있는 수컷. 경기 광릉수목원 95.8.10. 협찬 손정달

푸른큰수리팔랑나비 1

Choaspes benjamini (Guérin-Ménéville, 1843)

팔3-1. 붓들레아꽃에서 꿀 빠는 수컷. 제주 애월 13.7.28

팔3-2. 산초나무꽃에서 꿀 빠는 수컷. 제주 노꼬메 12.7.17

푸른큰수리팔랑나비 2

팔3-3. 두메층층이꽃에서 꿀 빠는 암컷. 제주 한라산 05.7.30

팔3-4. 두메층층이꽃에서 꿀 빠는 암컷. 제주 한라산 05.7.30

대왕팔랑나비 1

Satarupa nymphalis (Speyer, 1879)

팔4-1. 큰까치수영꽃에서 꿀 빠는 수컷. 강원 남춘천 08.7.2

팔4-2. 큰까치수영꽃에서 꿀 빠는 수컷. 강원 강촌 04.7.8

대왕팔랑나비 2

팔4-3. 큰까치수영꽃에서 꿀 빠는 암컷. 강원 해산 10.7.9

팔4-4. 꼬리조팝나무꽃에서 꿀 빠는 암컷. 강원 광덕산 19.7.21

왕팔랑나비 1

Lobocla bifasciata (Bremer & Grey, 1853)

팔5-1. 끈끈이대나무꽃에서 꿀 빠는 수컷. 경기 화야산 14.6.22

팔5-2. 조뱅이꽃에서 꿀 빠는 암컷. 충북 고명리 11.6.8

왕팔랑나비 2

팔5-3. 끈끈이대나무꽃에서 꿀 빠는 암컷. 경기 화야산 09.7.12

팔 5-4. 큰까치수영꽃에서 꿀 빠는 암컷. 경기 화야산 09.6.1

왕자팔랑나비 1

Daimio tethys (Ménétriès, 1857)

팔6-1. 끈끈이대나무꽃에서 꿀 빠는 수컷. 경기 화야산 09.6.1

팔6-2. 엉겅퀴꽃에서 꿀 빠는 수컷. 제주 애월 12.6.23

왕자팔랑나비 2

팔6-3. 토끼풀꽃에서 꿀 빠는 암컷. 제주 조천 09.7.12

팔6-4. 엉겅퀴꽃에서 꿀 빠는 암컷. 제주 애월 10.6.21

멧팔랑나비

Erynnis montanus (Bremer, 1861)

팔7-1. 철쭉꽃에서 꿀 빠는 수컷. 강원 천진암 12.5.7

팔7-2. 쉬고 있는 암컷. 강원 서림 10.5.6

팔7-3. 엉겅퀴꽃에서 꿀 빠는 암컷. 경기 대부도 99.6.10

꼬마흰점팔랑나비

Pyrgus malvae Linnaeus. 1758

팔8-1. 햇볕 쬐는 수컷. 강원 쌍용 09.4.12

팔8-2. 민들레꽃에서 꿀 빠는 암컷
강원 쌍용 11.4.20

팔8-3. 짝짓기. 강원 쌍용 12.4.20

흰점팔랑나비 1

Pyrgus maculatus (Bremer & Grey, 1853)

팔9-1. 민들레꽃에서 꿀 빠는 봄형 수컷. 강원 쌍용 02.5.7

팔9-2. 송장풀꽃에서 꿀 빠는 수컷. 제주 애월 12.7.26

흰점팔랑나비 2

팔9-3. 민들레꽃에서 꿀 빠는 수컷. 강원 쌍용 03.6.25

팔9-4. 햇볕 쬐는 암컷. 제주 애월 12.7.7

은줄팔랑나비

Leptalina unicolor (Bremer & Grey, 1853)

팔10-1. 쉬고 있는 봄형 수컷.
경남 울산 11.5.7

팔10-2. 쉬고 있는 봄형 암컷.
강원 양구 11.5.14

팔10-3. 쉬고 있는 수컷. 강원 양구 01.1.15. 협찬 손상규

줄꼬마팔랑나비

Thymelicus leoninus (Butler, 1878)

팔11-1. 개망초꽃에서 꿀 빠는 수컷.
경기 화야산 11.7.22

팔11-2. 쉬고 있는 수컷.
경기 화야산 01.7.10

팔11-3. 햇볕 쬐는 암컷. 강원 광덕산 03.7.20

수풀꼬마팔랑나비

Thymelicu sylvaticus (Bremer,1861)

팔12-1. 산기름나물꽃에서 꿀 빠는 수컷.
강원 대관령 09.7.27

팔12-2. 햇볕 쬐는 수컷. 경기 화야산 09.7.10

팔12-3. 햇볕 쬐는 암컷. 강원 광덕산 09.7.10

꽃팔랑나비

Hesperia florinda (Butler, 1878)

팔13-1. 쉬고 있는 수컷. 강원 쌍용 15.7.20

팔13-2. 짝짓기. 강원 쌍용 13.7.18. 협찬 김성수

황알락팔랑나비

Potanthus flavus (Murray, 1875)

팔14-1. 개망초꽃에서 꿀 빠는 수컷.
강원 남춘천 18.6.21

팔14-2. 쉬고 있는 암컷. 제주 조천 04.6.23

팔14-3. 큰까치수영꽃에서 꿀 빠는 암컷.
강원 쌍용 11.7.12

참알락팔랑나비

Carterocephalus diekmanni (Graeser, 1888)

팔15-1. 멍석딸기꽃에서 꿀 빠는 수컷. 강원 해산 12. 5.15

팔15-2. 쥐오줌풀꽃에서 꿀 빠는 암컷.
강원 양구 16.5.28

팔15-3. 산딸기꽃에서 꿀 빠는 암컷.
강원 양구 14.5.25

수풀알락팔랑나비

Carterocephalus silvicola (Meigen, 1829)

팔16-1. 텃세 부리는 수컷. 강원 계방산 11.6.20

팔16-2. 쥐오줌풀꽃에서 꿀 빠는 암컷. 강원 계방산 95.5.20

팔16-3. 마가랫트꽃에서 꿀 빠는 암컷. 강원 오대산 10.6.26

파리팔랑나비 1

Aeromachus inachus (Ménétriès, 1859)

팔17-1. 햇볕 쬐는 수컷. 서울 관악산 113.6.13

팔17-2. 쉬고 있는 수컷. 서울 관악산 11.6.20

팔17-3. 텃세 부리는 수컷. 서울 관악산 13.6.13

파리팔랑나비 2

팔17-4. 꿀 빠는 암컷. 서울 관악산 11.6.20

팔17-5. 개망초 꽃에서 꿀 빠는 수컷. 강원 양구 10.7.25

지리산팔랑나비 1

Isoteinon lamprospilus (C & R. Felder, 1862)

팔18-1. 부처나무꽃에서 꿀 빠는 수컷. 경기 하남 10.7.10. 협찬 이용상

팔18-2. 큰까치수영꽃에서 꿀 빠는 암컷. 경기 양평 15.7.12

지리산팔랑나비 2

팔18-3. 큰까치수영꽃에서 꿀 빠는 암컷. 경기 화야산 15.7.12

팔18-4. 짝짓기. 경기 정개산 06.7.20. 협찬 손상규

돈무늬팔랑나비

Heteropterus morpheus (Pallas, 1771)

팔19-1. 엉겅퀴꽃에서 꿀 빠는 수컷. 강원 대관령 09.7.3

팔19-2. 쉬고 있는 수컷. 강원 대관령 09.7.3

팔19-3. 큰까치수영꽃에서 꿀 빠는 암컷. 강원 대관령 10.7.12

검은테떠들썩팔랑나비 1

Ochlodes ochraceus (Bremer,1861)

팔20-1. 쥐똥나무꽃에서 꿀 빠는 수컷. 강원 오대산 12.6.20

팔20-2. 햇볕 쬐는 수컷. 강원 광덕산 06.6.29

검은테떠들썩팔랑나비 2

팔20-3. 송장풀꽃에서 꿀 빠는 암컷. 충북 고명리 11.6.18

팔20-4. 딱지꽃에서 꿀 빠는 암컷. 강원 쌍용 12.6.10

수풀떠들썩팔랑나비 1

Ochlodes venatus (Bremer & Grey, 1853)

팔21-1. 부처나무꽃에서 꿀 빠는 수컷. 경남 산청 11.7.20

수풀떠들썩팔랑나비 2

팔21-2. 붉은토끼풀꽃에서 꿀 빠는 수컷.
서울 서울대학 캠퍼스 07.7.17

팔21-3. 햇볕 쬐는 수컷. 강원 대관령 09.7.4

팔21-4. 조뱅이꽃에서 꿀 빠는 암컷. 강원 쌍용 06.6.20

산수풀떠들썩팔랑나비 1

Ochlodes similis (Leech, 1778)

팔22-1. 큰까치수영꽃에서 꿀 빠는 수컷. 강원 해산 18.7.19

산수풀떠들썩팔랑나비 2

팔22-2. 큰까치수영꽃에서 꿀 빠는 수컷. 강원 광덕산 09.7.9

팔22-3. 큰까치수영꽃에서 꿀 빠는 암컷.
강원 광덕산 09.7.9

팔22-4. 갈퀴나물꽃에서 꿀 빠는 암컷.
강원 해산 18.7.19

유리창떠들썩팔랑나비 1

Ochlodes subhyalins (Bremer & Grey, 1853)

팔23-1. 붉은토끼풀꽃에서 꿀 빠는 수컷. 서울 서울대학 캠퍼스 03.7.21

팔23-2. 백일홍꽃에서 꿀 빠는 수컷. 강원 둔내 12.7.16

유리창떠들썩팔랑나비 2

팔23-3. 엉겅퀴꽃에서 꿀 빠는 암컷.
제주 한라산 05.6.20

팔23-4. 자운영꽃에서 꿀 빠는 암컷.
강원 광덕산 09.7.6

팔23-5. 구애 행동(앞-암컷, 뒤-수컷). 강원 둔내 12.7.16

제주꼬마팔랑나비 1

Pelopidas mathias (Fabricius, 1798)

팔24-1. 오리방풀 꽃에서 꿀 빠는 수컷. 제주 애월 08.9.14

제주꼬마팔랑나비 2

팔24-2. 이질풀꽃에서 꿀 빠는 수컷.
제주 애월 09.7.20

팔24-3. 붓들레아꽃에서 꿀 빠는 암컷.
제주 애월 10.9.18

팔24-4. 땅채송화꽃에서 꿀 빠는 암컷. 제주 애월 09.7.20

산줄점팔랑나비

Pelopidas jansonis (Butker, 1878)

팔25-1. 꿀풀꽃에서 꿀 빠는 수컷.
충북 고명리11.6.5

팔25-2. 민들레꽃에서 꿀 빠는 수컷.
강원 쌍용 15.5.25

팔25-3. 광대수염꽃에서 꿀 빠는 암컷. 강원 쌍용 11.6.25

줄점팔랑나비

Parnara guttata (Bremer & Grey, 1853)

팔26-1. 백일홍꽃에서 꿀 빠는 수컷들. 충북 단양 07.10.18

팔26-2. 메리골드꽃에서 꿀 빠는 암컷. 충북 단양 07.10.18

팔26-3. 가는잎꼬리풀꽃에서 꿀 빠는 암컷. 경기 오이도 13.9.23

흰줄점팔랑나비

Pelopidas sinensis (Mabille, 1877)

팔27-1. 동자꽃에서 꿀 빠는 수컷. 강원 영월 10.7.10. 협찬 이대암

팔27-2. 햇볕 쬐는 수컷. 경기 화야산 15.5.18

팔27-3. 누드베키아꽃에서 꿀 빠는 암컷. 강원 영월 10.7.23. 협찬 이대암

산팔랑나비

Polytremes zina (Evans, 1932)

팔28-1. 민들레꽃에서 꿀 빠는 수컷.
강원 광덕산 98.7.12

팔28-2. 풀잎에서 물 빠는 암컷.
강원 정선 09.8.15

팔28-3. 짝짓기. 강원 양구 11.8.2. 협찬 손상규

팔랑나비과(Hesperiidae) 나비의 형태·생태 설명과 촬영 노트

팔1. 독수리팔랑나비

황갈색이며 위아래 날개 선 안쪽은 흑갈색이다. 잡목림 숲에 살며 개망초, 엉겅퀴 등의 꽃에서 꿀을 빤다. 수컷은 새의 배설물에서 영양을 섭취한다. 강원 동북부 지역에 살며 6월 중순에 한 번 나온다. 먹이 식물은 멍구나무, 개두릅나무이며 애벌레로 겨울을 난다.

팔2. 큰수리팔랑나비

황갈색인데 앞뒤 날개 선두리 안쪽은 흑갈색이며 날개 아랫면은 황록색이다. 산림에 살며 참나무 진에 모여든다. 수컷은 해 뜰 무렵과 해 질 무렵 소 외양간 등의 짐승 배설물에 날아드는 것으로 알려져 있다. 생활사는 밝혀지지 않았다. 희귀종이었는데 광릉 숲에서 사라진 후 멸종된 것으로 추정된다.

팔3. 푸른큰수리팔랑나비

짙은 청람색이며 앞날개에는 무늬가 없다. 뒷날개 후각 부위에 주황색의 고운 테두리가 있어 단순하면서도 화려한 느낌이 든다. 해 뜰 무렵과 해 질 무렵에 빠르게 날아다니며 거지덩굴, 엉겅퀴 등의 꽃에서 꿀을 빤다. 수컷은 땅바닥에 잘 앉고 짐승의 배설물에 모여든다. 제주와 남·서해안 지역에 살며 6월 중순에 봄형, 7월 하순에 여름형이 나온다. 먹이 식물은 나도밤나무와 합다리나무이며 번데기로 겨울을 난다.

촬영 노트

오래전 남해에 갔다. 그곳에 머물며 저녁나절에는 근처 숲으로 나비를 찾아나섰다. 그러다 어느 날 숲의 엉겅퀴꽃에서 파란 나비가 날갯짓을 하며 꿀 빠는 것을 보았다. 윤기 나는 청람색에 뒷날개 끝에 붉은 무늬가 있는 푸른큰수리팔랑나비였다. 처음 보는 아름다운 나비에 감탄했고 남쪽 나비의 강렬한 색상에 매료되었다. 나비는 어둑어둑해질 때까지 꽃을 옮겨 다니며 꿀을 빨았다. 제주의 프시케월드에서 근무할 때는 이 나비를 자주 볼 수 있었다. 아침과 저녁나절에 거지덩굴, 엉겅퀴, 붓들레아, 산초나무꽃에 날아왔다. 그때마다 열심히 촬영했다. 박물관 뒤편의 붓들레아 보라색 꽃에서 꿀 빠는 사진이 좋게 나왔다. 또 노꼬메에서 산초나무꽃에서 꿀 빠는 사진과 한라산에서 촬영한 두메층층이꽃에서 꿀 빠는 암컷 사진들로 면을 구성했다.

팔3-5. 두메층층이꽃에서 꿀 빠는 수컷. 제주 한라산

팔4. 대왕팔랑나비

팔랑나비 중 가장 크다. 검은색이며 앞날개에 여러 개의 흰색 점이 연결되어 있다. 그리고 뒷날개 위아래 면에는 넓은 흰색 띠가 있다. 잡목림 숲에 살며 큰까치수영, 쉬땅나무 등의 꽃에서 꿀을 빤다. 수컷은 땅바닥에 잘 앉으며 산 능선의 나뭇잎에 앉아 텃세를 부린다. 중부 이북 지역에 살며 6월 하순에 한 번 나온다. 먹이 식물은 황벽나무이며 애벌레로 겨울을 난다.

팔5. 왕팔랑나비

검은색이며 앞날개에는 흰색 점이 연결된 띠가 있으나 뒷날개에는 무늬와 띠가 없다. 숲에 사는데 빠르게 날아다니며 큰까치수영, 엉겅퀴, 파 등의 꽃에서 꿀을 빤다. 수컷은 해질 무렵에 심하게 텃세를 부린다. 제주를 포함한 전국 곳곳에 살며 5월 하순에 한 번 나온다. 먹이 식물은 아카시나무, 싸리, 칡이며 애벌레로 겨울을 난다.

팔6. 왕자팔랑나비

검은색이고 앞날개에 크고 작은 흰색 점들이 있다. 뒷날개에는 흰색 띠가 있는데 제주의 개체들은 그 띠가 넓고 검은색 점이 있다. 산과 논, 밭, 둑 등의 풀밭에 살며 엉겅퀴, 쉬땅나무, 산딸기 등의 꽃에서 꿀을 빤다. 수컷은 새의 배설물에 앉아 영양을 섭취한다. 수컷은 파르르 빠르게 날아다니다 나뭇잎에 자리 잡고 텃세를 부린다. 제주를 포함한 전국에 살며 5월 중순~8월에 2~3번 나온다. 먹이 식물은 마, 단풍마이며 애벌레로 겨울을 난다.

팔7. 멧팔랑나비

흑갈색이며 뒷날개 아외연부에 황갈색 점들이 이중으로 배열되어 있다. 숲에 살며 계곡 주변의 트인 곳에서 활동한다. 엉겅퀴, 고추나무, 산딸기, 철쭉나무 등의 꽃에서 꿀을 빤다. 수컷은 무리 지어 새 배설물이 있는 돌 위에 앉아 영양을 섭취한다. 제주를 포함한 전국에 살며 4월 중순에 한 번 나온다. 먹이 식물은 졸참나무, 떡갈나무이며 애벌레로 겨울을 난다.

팔8. 꼬마흰점팔랑나비

검은색 작은 나비로 앞뒤 날개에 작은 흰색 점들이 흩어져 있다. 그리고 날개 아랫면은 옅은 흑갈색이다. 산의 풀밭에 살며 민들레, 솜방망이, 개망초 등의 꽃에서 꿀을 빤다. 수컷은 땅바닥과 돌 위에 앉아 날개를 펴고 햇볕을 쬔다. 제주와 남부 지역을 제외한 전국에 살며 4월 중순에 한 번 나온다. 먹이 식물은 딱지꽃이며 애벌레로 겨울을 난다.

팔9. 흰점팔랑나비

꼬마흰점팔랑나비보다 약간 크며 흰색 점도 크다. 봄형의 뒷날개 아랫면은 황갈색이나 여름형은 옅은 흑갈색이다. 산의 가장자리 풀밭에 살며 민들레, 산딸기 등의 꽃에서 꿀을 빤다. 제주를 포함한 전국 곳곳에 살며 4월 중순에 봄형, 7월 중순에 여름형이 나온다. 먹이 식물은 양지꽃이며 번데기로 겨울을 난다.

팔10. 은줄팔랑나비

검은색이고 뒷날개 아랫면에 은색 줄이 있는 것이 특징이다. 봄형의 뒷날개 아랫면은 흑갈색에 은색 줄이 뚜렷하다. 여름형은 황갈색이고 은색 줄은 흐릿하다. 양지 바른 풀밭에 사는데 멈칫멈칫 날아다니며 토끼풀, 민들레, 개망초 등의 꽃에서 꿀을 빤다. 수컷은 나뭇잎에 자리 잡고 약하게 텃세를 부린다. 중부 이북 지역에 살며 6월 중순에 봄형, 7월 하순에 여름형이 나온다. 먹이 식물은 참억새, 기름새이며 번데기로 겨울을 난다.

촬영 노트

팔랑나비들 중 귀한 편인 이 나비를 사진 찍기 위해 많이 노력했으나 좋은 성과를 못 올렸다. 그러던 중 가깝게 지내는 울산에 사는 동호인이 반가운 소식을 전했다. 그 지역의 한 곳에서 이 나비가 많이 나온다며 필요하면 살아 있는 나비를 보내주겠다고 했다. 얼마 후 통에 넣은 두 마리가 속달로 도착했다. 그 통을 냉장고에 두었다가 나비를 꺼내어 풀잎에 올려놓고 나비가 앉는 자세를 잡았을 때 촬영했다. 그 사진은 그럴듯하게 나왔지만 자연에서 촬영한 사진이 아니라서 책에 수록하면서 마음에 부담감이 있다. 몇 년 전에 이 나비를 촬영하기 위해 학회 회원을 따라 양구에 갔다. 그곳 군부대 앞 풀밭에는 제법 많이 보였으나 촬영은 어려웠다. 간신히 민들레꽃에 앉은 수컷을 촬영했다. 같이 간 회원이 채집하여 살려서 준 나비도 재현해 보았지만 좋은 성과를 못 얻었다. 이 나비는 봄형은 여러 사람이 촬영했지만 여름형의 좋은 사진은 보지 못했다. 다행히 가깝게 지내는 회원이 귀한 사진을 협찬해 주어 이 나비의 면을 원만하게 구성하게 되었다.

팔10-4. 민들레꽃에서 꿀 빠는 수컷. 강원 양구

팔11. 줄꼬마표범나비

황갈색의 작은 나비로 앞뒤 날개에 흑갈색 테두리가 있다. 그리고 날개 아랫면은 밝은 황갈색이고 가는 검은색 줄무늬가 있다. 수풀에서 빠르게 파르르 날아다니며 큰까치수영, 개망초 등의 꽃에서 꿀을 빤다. 수컷은 땅바닥에 잘 앉으며 약하게 텃세를 부린다. 중부 이북 지역에 살며 6월 중순에 한 번 나온다. 먹이 식물은 기름새, 큰기름새이며 애벌레로 겨울을 난다.

팔12. 수풀꼬마팔랑나비

황갈색이며 앞뒤 날개에 흑갈색 테두리가 있다. 줄꼬마팔랑나비와 차이점은 앞날개의 흑갈색 테두리의 폭이 일정하다는 점이다. 수풀에 사는데 빠르게 날아다니며 개망초, 토끼풀 등의 꽃에서 꿀을 빤다. 수컷은 축축한 땅에 잘 앉으며 텃세를 부린다. 제주를 제외한 전국에 살며 6월 중순에 한 번 나온다. 먹이 식물은 기름새, 큰기름새이며 애벌레로 겨울을 난다.

팔13. 꽃팔랑나비

황갈색이며 앞뒤 날개에 흑갈색 테두리가 있다. 그리고 앞날개에는 크고 작은 점들이 흩어져 있고 뒷날개에는 작은 점들이 나란히 있다. 산의 능선 등 높은 곳의 풀밭에 사는데 빠르게 날아다니며 엉겅퀴, 큰까치수영 등의 꽃에서 꿀을 빤다. 수컷은 땅바닥에 잘 앉으며 나뭇잎에 앉아 텃세를 부린다. 제주의 한라산과 중부 이북 지역에 살며 7월 중순에 한 번 나온다. 먹이 식물은 잔디, 바랭이이며 알로 겨울을 난다.

팔14. 황알락팔랑나비

흑갈색이며 앞날개에는 밝은 황갈색 점과 띠가 있다. 뒷날개에는 넓은 황갈색 띠가 있고 아랫면에는 황갈색의 알록달록한 무늬가 있다. 산자락의 풀밭에 사는데 빠르게 날아다니며 고삼, 꿀풀, 개망초 등의 꽃에서 꿀을 빤다. 수컷은 땅바닥에 잘 앉으며 새의 배설물에 모여 들어 영양분을 섭취한다. 제주를 포함한 전국에 살며 6월 중순~8월에 두 번 나온다. 먹이 식물은 기름새, 큰기름새이며 애벌레로 겨울을 난다.

팔15. 참알락팔랑나비

검은색이며 앞날개에는 흰색 점들이 흩어져 있고 뒷날개에는 두 개의 흰색 점이 있다. 아랫면은 옅은 흑갈색에 흰색 점들이 알록달록하게 배열되어 있다. 산의 햇빛 좋은 풀밭에서 살며 산딸기, 민들레, 냉이 등의 꽃에서 꿀을 빤다. 수컷은 약하게 텃세를 부린다. 중부 이북 지역에 살며 5월 하순에 한 번 나온다. 먹이 식물은 기름새, 큰기름새, 포아풀이며 애벌레로 겨울을 난다.

팔16. 수풀알락팔랑나비

황갈색에 검은색 점들이 있고 암컷은 흑갈색에 황갈색 점들이 있다. 암·수컷 뒷날개 아랫면은 옅은 흑갈색에 황갈색 점들이 있어 알록달록하게 보인다. 산의 풀밭에 살며 민들레, 고추나무 등의 꽃에서 꿀을 빤다. 수컷은 축축한 땅바닥에 잘 앉으며 새의 배설물에 모여든다. 중부 이북 지역에 살며 6월 초순에 한 번 나온다. 먹이 식물은 기름새와 큰기름새이며 애벌레로 겨울을 난다.

팔17. 파리팔랑나비

아주 작은 검은색 나비로 앞날개에는 작은 흰 점이 이어진 초승달 모양의 흰 선이 있다. 날개 아랫면은 회백색이다. 산기슭의 풀밭에 사는데 파르르 날아다니며 개망초, 미역줄나무 등의 꽃에서 꿀을 빤다. 수컷은 습기 있는 땅바닥에 잘 앉으며 나뭇잎에 자리 잡고 텃세를 부린다. 제주를 제외한 전국에 살며 6월 초순~8월에 두 번 나온다. 먹이 식물은 기름새와 큰기름새이며 애벌레로 겨울을 난다.

촬영 노트

집에서 가까운 곳에 서울대학교가 있다. 그곳 캠퍼스의 공학관 뒤쪽으로 연못이 있는데, 그 연못에서 길 따라 조금 가면 관악산 계곡이 나온다. 계곡 옆으로 산길이 있는데 그 길을 따라 오르면 길 옆 숲에서 많은 나비를 만난다. 그중에 파리팔랑나비가 특별했다. 글라이더팔랑나비로 불리던 아주 작은 나비다. 다른 산에서도 보지 못한 나비를 서울에 있는 관악산에서 만났을 때 많이 놀랐고 반가웠다. 개체 수도 많아 채집하거나 촬영하기도 용이했다. 그곳에서 채집한 표본으로 나비도감에 암·수컷의 위 아랫면으로 도판을 구성할 수 있었다. 사진도 많이 찍었다. 미역줄나무 꽃에서 꿀 빠는 것, 날개 편 것, 날개 접은 것 등 암·수컷 사진 중 좋은 사진을 골라 면을 구성했다. 그곳에서 그 나비를 발견한 후 가깝게 지내는 학회 회원들께도 알려 주었다. 모두 만족스런 성과를 올렸다며 고마워했다. 그런데 요즘에는 시기를 맞추어 가도 그 나비를 볼 수 없다. 일시적인 현상이기를 바라면서도 많이 섭섭하다. 한편 이렇게 한 종 한 종 우리 곁에서 사라지고 마는 것인가 하는 절망감이 든다.

팔17-6. 햇볕 쬐는 수컷. 강원 양구

팔18. 지리산팔랑나비

검은색이며 앞날개에 크고 작은 흰색 점들이 흩어져 있다. 뒷날개에는 무늬와 점이 없으나 아랫면은 황갈색이며 날개 선두리를 따라 흰색 점들이 배열되어 있다. 숲의 햇빛 잘 드는 풀밭에 사는데 빠르게 날아 다니며 큰까치수영, 꿀풀, 조이풀 등의 꽃에서 꿀을 빤다. 수컷은 물기 있는 땅에 잘 앉으며 나뭇잎에 자리 잡고 텃세를 부린다. 제주와 동서 해안 지역을 제외한 전국에 살며 6월 하순에 한 번 나온다. 먹이 식물은 참억새, 큰기름새이며 애벌레로 겨울을 난다.

팔19. 돈무늬팔랑나비

검은색이며 앞날개 끝에 작은 흰색 점 세 개가 이어진 선이 있다. 뒷날개 아랫면은 회백색이며 동전과 비슷한 무늬가 가득 배열되어 있다. 산기슭과 밭둑 등의 풀밭에 산다. 숲에서 멈칫멈칫 날아다니며 개망초, 엉겅퀴, 토끼풀 등의 꽃에서 꿀을 꿀을 빤다. 제주를 제외한 전국에 살며 5월 중순~8월에 두 번 나온다. 먹이 식물은 기름새, 큰기름새이며 애벌레로 겨울을 난다.

팔20. 검은테떠들썩팔랑나비

앞뒤 날개에 넓은 검은색 테두리가 있고 그 안쪽에는 밝은 황갈색의 선들이 잇대어진 띠가 가득하다. 산자락의 풀밭에 사는데 빠르게 날아다니며 큰까치수영, 엉겅퀴, 꿀풀 등의 꽃에서 꿀을 빤다. 수컷은 물기 있는 땅바닥에 잘 앉으며 나뭇잎에 자리 잡고 텃세를 부린다. 제주를 포함한 전국 곳곳에 살며 6월 중순에 한 번 나온다. 먹이 식물은 참억새, 큰기름새이며 애벌레로 겨울을 난다.

팔21. 수풀떠들썩팔랑나비

황갈색이고 앞날개에 흑갈색 선의 성표가 있다. 암컷은 흑갈색이고 앞뒤 날개에 황갈색 점들이 흩어져 있다. 풀밭에 사는데 빠르게 날아다니며 갈퀴나물, 큰까치수영, 꿀풀 등의 꽃에서 꿀을 빤다. 수컷은 땅바닥과 새의 배설물이 있는 돌 위에 잘 앉는다. 제주를 포함한 전국에 살며 6월 중순에 한 번 나온다. 먹이 식물은 바랭이, 그늘사초이며 애벌레로 겨울을 난다.

팔22. 산수풀떠들썩팔랑나비

흑갈색이며 앞날개에 황갈색 선이 있다. 암·수컷의 뒷날개 아랫면에 황갈색 점들이 뚜렷하게 나타나는 점이 수풀떠들썩팔랑나비와의 차이점이다. 산의 능선 등 약간 높은 곳의 풀밭에 산다. 빠르게 날아다니며 큰까치수영, 엉겅퀴 등의 꽃에서 꿀을 빤다. 수컷들은 물기 있는 땅바닥에서 물을 빤다. 경기와 강원 일부 지역에 살며 6월 중순에 한 번 나온다. 먹이 식물은 큰바랭이이며 애벌레로 겨울을 난다. 원색한국나비도감 개정증보판(2010 교학사)에 추가된 나비다.

팔23. 유리창떠들썩팔랑나비

흑갈색이며 앞날개에 황갈색 점이 이어진 띠가 있다. 그 띠를 이루는 점 중에 투명한 막질의 무늬가 있다. 그리고 수컷의 성표로 가는 은색 선이 있다. 야산과 논·밭둑등의 풀밭에 산다. 빠르게 날아다니며 갈퀴나물, 자운영, 엉겅퀴 등의 꽃에서 꿀을 빤다. 수컷은 땅바닥에 잘 앉으며 나뭇잎에 자리 잡고 거칠게 텃세를 부린다. 제주를 포함한 전국에 살며 6월 중순에 한 번 나온다. 먹이 식물은 기름새이며 애벌레로 겨울을 난다.

팔24. 제주꼬마팔랑나비

검은색이며 앞날개 작은 점들이 날개 선 안쪽으로 배열되어 있다. 수컷은 앞날개에 가는 흰색 선으로 된 성표가 있다. 산의 낮은 곳 풀밭에 사는데 털머위, 땅채송화, 이질풀 등의 꽃에서 꿀을 빤다. 수컷은 땅바닥과 새 배설물이 있는 돌 위에 잘 앉는다. 제주와 남해안 지역에 살며 5월 하순~8월에 두 번 나온다. 먹이 식물은 참억새, 바랭이이며 애벌레로 겨울을 난다.

촬영 노트

《한국 접지》(1982) 출간을 준비 중이던 이승모 선생께서 이 나비를 채집하러 제주에 여러 차례 갔다 왔다고 했다. 그 도감에는 한라산에서 채집한 수컷 표본 위, 아랫면 사진이 수록되었는데 표본의 오동정(誤同定)인 듯하다. 그렇게 귀한 나비로 알고 있었는데 제주에 머물며 살펴보니 흔한 나비이고 가을에 개체 수가 증가했다. 그러나 나비가 다 그렇듯 제주에 가면 어느 때나 이 나비를 볼 수 있다고 할 수는 없을 것이다. 양지 바른 풀밭에 사는데 빠르게 날아다니며 여러 종류의 꽃에서 꿀을 빤다. 수컷은 오리방풀꽃에서 꿀 빠는 사진을, 암컷은 땅채송화와 이질풀꽃 등 붉은색의 화려한 꽃에서 꿀 빠는 사진을 선정하여 수록했다. 제주의 특징이 잘 나타난 털머위의 노란 꽃에서 꿀 빠는 사진은 이곳에 수록했다.

팔24-5. 털머위 꽃에 꿀 빠는 암컷. 제주 애월

팔25. 산줄점팔랑나비

검은색이고 앞날개에 흰색 점들이 흩어져 있다. 뒷날개 아랫면 기부에 큰 흰색 점이 있는 것이 특징이다. 산자락 등 낮은 곳 풀밭에 산다. 빠르게 날아다니며 엉겅퀴, 꿀풀 등의 꽃에서 꿀을 빤다. 수컷은 땅바닥에 잘 앉으며 나뭇잎에 자리 잡고 거칠게 텃세를 부린다. 제주를 제외한 전국에 살며 4월 하순~8월에 두 번 나온다. 먹이 식물은 참억새, 기름새이며 애벌레로 겨울을 난다.

팔26. 줄점팔랑나비

검은색이며 앞날개에 큰 흰색 점에 이어 작은 흰색 점들이 날개 선 안쪽에 배열되어 있다. 뒷날개에는 흰색 점 네 개가 일렬로 배열되어 있다. 야산과 논·밭둑과 하천의 풀밭에 산다. 빠르게 날아다니며 개망초, 코스모스, 여뀌, 메밀 등의 꽃에서 꿀을 빤다. 가을에 개체 수가 증가한다. 제주를 포함한 전국 곳곳에 살며 5월 하순~10월에 2~3번 나온다. 먹이 식물은 참억새, 벼이며 애벌레로 겨울을 난다.

팔27. 흰줄점팔랑나비

검은색이고 앞날개에 타원형의 큰 흰색 점에 이어 작은 흰색 점이 날개 선 안쪽으로 배열되어 있다. 수컷은 가는 흰색 선의 성표가 있고 뒷날개 아랫면 기부에 작고 둥근 흰색 점이 있다. 풀밭에 살며 동자꽃, 나리, 개망초 등의 꽃에서 꿀을 빤다. 수컷은 나뭇잎에 자리 잡고 텃세를 부린다. 경기와 강원 일부 지역에 살며 5월 중순~8월에 두 번 나온다. 먹이 식물은 참억새, 기름새이며 애벌레로 겨울을 난다. 원색한국나비도감 개정증보판(2010 교학사)에 추가된 나비다.

팔28. 산팔랑나비

검은색이고 앞날개에 큰 타원형 흰색 점에 이어 작은 흰색 점들이 날개 선 안쪽에 배열되어 있다. 뒷날개에는 타원형 흰색 점 네 개가 지그재그로 배열되어 있다. 산의 능선 등 높은 곳 풀밭에 살며 큰까치수영, 엉겅퀴, 민들레 등의 꽃에서 꿀을 빤다. 수컷은 해 질 무렵에 활발하게 텃세를 부린다. 제주를 제외한 전국에 살며 6월 하순에 한 번 나온다. 먹이 식물은 참억새, 강아지풀이며 애벌레로 겨울을 난다.

미접(迷蝶)

Migrant

미4-2. 끝검은왕나비 수컷

외국의 나비가 바람이나 기류에 의해 우리나라에 이동해 온 나비들이다. 이런 나비들 중에는 상당 기간 국내에 살다가 사라지는 나비들이 있다. 이런 나비들을 길 잃고 날아온 나비라는 뜻으로 미접(迷蝶)이라 한다.

그런가 하면 일회성으로 이동해 와서 서식하지 못하고 사라지는 나비도 있다. 이런 나비들은 미접과 구별하여 우산접(偶産蝶)이라 한다. 이 책에는 국내에 서식했던 미접을 수록했다. 이 중 대만왕나비는 우산접일 가능성이 높다.

소철꼬리부전나비(Chilades pandava)는 30여 년부터 서귀포 지역에서 지속적으로 서식하는 것이 관찰되어 한국 나비에 편입하였다.

기록된 우산접은 멤논제비나비(Papilio memnon), 새연주노랑나비(Colias fieldii) 검은테노랑나비(Eurema brigitta), 한라푸른부전나비(Udara dilecta), 중국은줄표범나비(Childrena childreni), 남방공작나비(Junonia almana), 큰먹나비(Melanitis phedima) 등이 있다. 이 중 큰먹나비는 미접일 가능성이 있다.

연노랑흰나비

Catopsilia pomona (Fabricius, 1775)

미1. 거지덩굴꽃에서 꿀 빠는 수컷. 제주 애월 10.7.20

남색물결나비

Jamides bochus (Stoll, 1782)

미2. 오리방풀꽃에서 꿀 빠는 암컷. 제주 애월 08.7.28

뾰족부전나비

Curetis acuta Moore, 1877

미3. 햇볕 쬐는 수컷. 제주 한라생태숲 08.10.8

끝검은왕나비

Danaus chrysippus Linnaeus. 1758

미4. 짝짓기. 경남 부산 13.9.1. 협찬 백문기

별선두리왕나비

Danaus genutia (Cremer, 1779)

미5. 란타나꽃에서 꿀 빠는 수컷. 구리 곤충생태관 18.7.16

대만왕나비

Parantica melanus (Cramer,1775)

미6. 엉겅퀴꽃에서 꿀 빠는 수컷. 전남 무등산. 협찬 정헌천

돌담무늬나비

Cyrestis thyodana Boisduval, 1836

미7. 붓들레아꽃에서 꿀 빠는 수컷. 경기 이화원 18.9.23

남방오색나비

Hypolimnas bolina (Linneaus,158)

미8. 나뭇진 빠는 암컷. 전북 부안 10.8.28

남방남색공작나비

Junonia oritha (Linneaus,158)

미9. 맨드라미꽃에서 꿀 빠는 수컷. 제주 서귀포 12.9.12. 협찬 주흥재

암붉은오색나비

Hypolimnas misippus (Linneaus,1764)

미10. 큰금계국꽃에서 꿀 빠는 암컷. 전북 부안 08.9.11

먹나비

Melanitis leda (Linneaus,158)

미11-1. 쉬고 있는 암컷. 제주 애월 18.10.13

미1-2. 쉬고 있는 암컷. 전북 내장산 68.7.23

미접(迷蝶) 나비의 형태·생태 설명과 촬영 노트

미1. 연노랑흰나비

일본 남서 도서 지역과 오스트레일리아 등에 분포한다. 국내에서는 경남 거제에서 첫 채집되었다(1992). 그 후 남부 지역과 제주에서 간간히 관찰되고 있다.

촬영 노트

제주 프시케월드에서 근무한 13년 동안 이 나비를 두 번 보았다. 한 번은 먼발치에서 두 마리가 나란히 나는 것을 보았으나 촬영하지 못했다. 그 후 어느 해 여름에 박물관 뒤 숲에서 거지덩굴에서 꿀 빠는 수컷을 발견하고 촬영했다. 그 며칠 후 엉겅퀴꽃에서 날개 펴고 꿀 빠는 것도 촬영했다. 그 후로는 다시 보지 못했다.

미1-2. 엉겅퀴꽃에서 꿀 빠는 수컷. 제주 애월

미2. 남색물결나비

동양구와 오스트레일리아구에 분포한다. 제주도와 남부 지역에 사라졌다.

촬영 노트

이 나비는 제주 프시케월드 뒤 숲에서 17년(2006) 전에 처음 발견했다. 광택 나는 청람색이고 아랫면에는 잔잔한 물결 무늬가 있다. 주로 오리방풀꽃에서 꿀 빠는 장면을 촬영했다. 우리나라에서 처음 발견한 나비여서 남색물결나비로 이름 붙여 한국나비학회지(2007)에 신기록 종으로 발표했다. 그 뒤 몇 년 동안 꾸준히 관찰되어 정착하는 듯했으나 서서히 개체 수가 줄더니 사라지고 말았다.

미2-2. 산딸기꽃에서 꿀 빠는 암컷. 제주 애월

미3. 뾰족부전나비

일본 남부 지역과 인도차이나 반도와 중국 남부, 타이완 등에 분포한다. 국내에서는 경남 울산과 거제에서 간간이 관찰되고 있다.

미4. 끝검은왕나비

일본의 남서부 섬 지역과 동양구, 오스트레일리아구, 유럽 동남부와 아프리카에 널리 분포한다. 국내에서는 주로 경남 거제와 부산 지역에서 관찰되고 있다.

미5. 별선두리왕나비

일본 남서부 섬 지역과 동양구, 오스트레일리아구, 유럽 남동부 지역, 아프리카 지역에 널리 분포한다. 국내에서는 남해안 지역에서 간간이 관찰된다.

미6. 대만왕나비

동양구에 널리 분포한다. 국내에서는 제주와 전남 지역에서 드물게 관찰된다.

미7. 돌담무늬나비

중국 남부와 인도지나, 타이완, 일본 남부 지역에 분포한다. 국내에서는 제주와 경남 거제 등에서 관찰된다.

미8. 남방오색나비

동양구와 오스트레일리아구에 널리 분포한다. 국내에서는 남·서 해안 지역과 제주에서 드물게 관찰된다.

촬영 노트

제주의 프시케월드 나비 생태관 앞에는 팔손이나무가 여러 그루 있다. 그 나무는 여름에서 초겨울까지 유백색 꽃이 핀다. 어느 해 늦여름에 그 꽃에 못 보던 나비가 꿀 빠는 것을 목격하고 촬영했다. 남방오색나비 수컷이었다. 암컷은 오래 전 전북의 곰소항을 다녀오다 부안 지역에서 나뭇진을 빠는 것을 발견하여 촬영했다.

미8. 팔손이나무 꽃에서 꿀 빠는 수컷. 제주 애월 09.10.22

미9. 남방남색공작나비

동양구, 오스트레일리아구 북부와 아프리카에 널리 분포한다. 국내에서는 남·서 해안 지역과 제주에서 8월~10월에 드물게 관찰된다.

미10. 암붉은오색나비

동양구와 오스트레일리아구, 에디오피아구, 남아메리카 일부 지역과 서인도 제도에 분포한다. 국내에서는 제주와 남·서 해안 섬 지역에서 드물게 관찰된다.

미11. 먹나비

동양구와 오스트레일리아구에 광범위하게 분포한다. 국내에서는 중남부 지역에서의 채집 기록이 꾸준히 이어지고 있다.

학명으로 찾아보기

A

Aeromachus inachus ··· 370
Aglais io ················ 252
Aglais urticae ··········· 253
Aldania thisbe ··········· 234
Anthocharis scolymus ··· 61
Antigius attilia ········ 94
Antigius butleri ········ 95
Apatura ilia ············· 262
Apatura iris ············· 266
Apatura metis ··········· 264
Aphantopus hyperantus ··· 317
Aporia crataegi ········ 63
Araragi enthea ·········· 92
Araschnia burejana ······ 242
Araschnia levana ········ 243
Argynnis anadiomene ··· 196
Argynnis nerippe ········ 206
Argynnis niobe ··········· 204
Argynnis paphia ········ 199
Argynnis sagana ········ 197
Argynnis vorax ········· 202
argynnis zenobia ········ 200
Argyreus hyperbius ··· 210
Argyronome laodice ··· 194
Argyronome ruslana ··· 195
Arhopala bazalus ········ 81
Arhopala japonica ······ 80
Artopoetes pryeri ······ 82
Atrophaneura alcinous ··· 22

B

Boloria oscarus ········ 189
Boloria thore ············ 180
Brenthis daophne ······ 192
Brenthis ino ·············· 190
Burara aquilina ········· 350
Burara striata ··········· 350

C

Callophrys ferrea ······ 115
Callophrys frivaldszkyi ··· 114
Carterocephalus diekmanni ················· 336
Carterocephalus silvicola ··· 369
Catopsilia pomona ······ 400
Celastrina argiolus ······ 137
Celastrina oreas ········ 139
Celastrina sugitanii ··· 138
Chalinga pratti ········· 221
Chilades pandava ······ 147
Chitoria ulupi ··········· 277
Choaspes benjaminii ··· 351
Chrysozephyrus ataxus ··· 98
Chrysozephyrus brillantinus ·············· 100
Chrysozephyrus smaragdinus ·············· 101
Clossiana perryi ········ 187
Coenonympha amaryllis ················· 320
Coenonympha hero ······ 323
Coenonympha oedippus ················· 321
Colias erate ·············· 59
Coreana rapaelis ········ 83
Cupido argiades ········ 140
Curetis acuta ············ 401
Cyrestis thyodana ······ 403

D

Daimio tethys ··········· 357
Danaus genutia ········ 402
Dichorragia nesimachus ··· 260
Dilipa fenestra ··········· 258

E

Erebia cyclopius ········ 315
Erebia wanga ············ 316
Erynnis montanus ······ 359
Euphydryas davidi ······ 185
Eurema laeta ············ 55
Eurema mandarina ······ 53

F

Fvonius cognatus ······ 109
Fvonius koreanus ······ 112
Fvonius korshunovi ··· 106
Fvonius orientalis ······ 104
Fvonius saphirinus ······ 103
Fvonius taxilus ········ 110
Fvonius ultramarinus ··· 108
Fvonius yuasai ··········· 107

G

Gonepteryx asepasia ··· 58
Graphium sapedon ······ 40

H

Hesperia florinda …… 366
Hestina assimilis ……… 275
Hestina japonica ……… 274
Heteropterus morpheus … 374
Hipparchia autonoe … 325

I

Isoteinon lamprospilus … 372

J

Japonica lutea ………… 87
Japonica saepestriata … 88
Junonia oritha ………… 404

K

Kaniska canace ……… 249
Kirinia epaminondas … 329
Kirinia epimenides …… 330

L

Lampides boeticus …… 134
Leptalina unicolor …… 363
Leptidea amurensis …… 51
Leptidea morsei ……… 52
Lethe diana …………… 333
Lethe marginalis ……… 334
Libythea lepita ………… 178
Limenitis amphyssa … 218
Limenitis camilla ……… 212
Limenitis doerriesi …… 215
Limenitis helmanni …… 213
Limenitis homeyeri …… 216
Limenitis moltrechti … 217
Limenitis populi ……… 223
Limenitis sydyi ……… 219
Lobocla bifasciata …… 355
Lopinga achine ……… 332
Lopinga deidamia …… 331
Luehdorfia puziloi …… 17
Lycaena dispar ………… 130
Lycaena phlaeas ……… 128

M

Melanargia epimede … 336
Melanargia halimede … 338
Melanitis leda ………… 405
Melitaea ambigua …… 181
Melitaea protomedia … 182
Melitaea scotosia ……… 183
Mimathyma nycteis …… 268
Mimathyma schrenckii … 270
Minois dryas …………… 327
Mycalesis francisca … 313
Mycalesis gotama …… 312

N

Neozephyus japonicus … 99
Neptis alwina ………… 232
Neptis andertria ……… 228
Neptis coreana ………… 227
Neptis ilos …………… 238
Neptis philyra ………… 230
Neptis philyroides …… 231
Neptis raddei ………… 240
Neptis rivularis ……… 239
Neptis sappho ………… 225
Neptis speyeri ………… 229
Neptis tshetverikovi … 236
Ninguta schrenkii …… 335
Niphanda fusca ……… 132
Nymphalis antiopa …… 251
Nymphalis l-album …… 246
Nymphalis xanthomelas … 247

O

Ochlodes ochraceus … 375
Ochlodes similis ……… 379
Ochlodes subhyalins … 381
Ochlodes venatus …… 377
Oeneis mongolica …… 318

P

Papilio bianor ………… 34
Papilio helenus ……… 39
Papilio maackii ……… 37
Papilio machaon ……… 27
Papilio macilentus …… 30
Papilio protenor ……… 32
Papilio xuthus ………… 24
Parantica sita ………… 179
Parnara guttata ……… 386
Parnassius bremeri …… 20
Parnassius stubbendorfii … 19
Pelopidas jansonis …… 385
Pelopidas mathias …… 383
Pelopidas sinensis …… 387
Phengaris arionides … 151
Phengaris teleius …… 150
Pieris canidia ………… 66
Pieris dulcina ………… 67
Pieris melete ………… 68
Pieris rapae …………… 64
Plebejus argus ………… 144
Plebejus argyeognomon … 146

Plebejus subsolanus ··· 149
Polygonia c-album ······ 245
Polygonia c-aureum ··· 244
Polytrmis zina ············ 388
Pontia edusa ·············· 69
Potanthus flavus ········· 367
Protantigius superans 96
Pseudo zizeeria ········· 135
Pyrgus maculatus ······ 361
Pyrgus malvae ············ 360

R

Rarata arata ·············· 118
Rapala caerulea ········· 116

S

Sasakia charonda ······ 272
Satarupa nymphalis ··· 353
Satyium eximia ········· 123
Satyium herzi ············ 120
Satyium latior ············ 126
Satyium pruni ············ 125
Satyium prunoides ······ 124
Satyium w-album ······ 121
Scolitanides orion ······ 142
Sephisa princeps ········· 279
Sericinus montela ······ 21
Shijimiaeoides divina ··· 143
Shiozua jonasi ············ 89
Speyeria aglaja ········· 208
Spindasis tatanonis ··· 127

T

Taraka hamada ········· 78
Thecla betulae ············ 90
Thymelicus leoninus ··· 364
Thymelicus sylvaticus ··· 365
Tongeia fischeri ········· 141

U

Ussuriana michaelis ··· 85

V

Vanessa cardui ············ 256
Vanessa indica ············ 254

W

Wagimo signatus ········· 91

Y

Ytpima baldus ············ 309
Ytpima motshulskyi ··· 311
Ytpima multistriata ··· 310

Z

Zizina emelina ············ 136

한국명 찾아보기

ㄱ

가락지나비 ········ 317
각시멧노랑나비 ········ 58
갈구리나비 ········ 61
갈고리신선나비 ········ 246
개마별박이세줄나비 ········ 228
거꾸로여덟팔나비 ········ 242
검은테떠들썩팔랑나비 ········ 375
검정녹색부전나비 ········ 107
고운점박이푸른부전나비 ········ 150
공작나비 ········ 252
구름표범나비 ········ 196
굴뚝나비 ········ 328
굵은줄나비 ········ 220
귤빛부전나비 ········ 87
극남노랑나비 ········ 55
금강산귤빛부전나비 ········ 85
금강석녹색부전나비 ········ 108
금빛어리표범나비 ········ 185
기생나비 ········ 51
긴꼬리부전나비 ········ 92
긴꼬리제비나비 ········ 30
긴은점표범나비 ········ 202
깊은산녹색부전나비 ········ 106
깊은산부전나비 ········ 96
까마귀부전나비 ········ 121
꼬리명주나비 ········ 21
꼬마까마귀부전나비 ········ 124
꼬마흰점팔랑나비 ········ 360
꽃팔랑나비 ········ 366
끝검은왕나비 ········ 401

ㄴ

남방남색공작나비 ········ 404
남방남색꼬리부전나비 ········ 81
남방남색부전나비 ········ 80
남방노랑나비 ········ 53
남방녹색부전나비 ········ 98
남방부전나비 ········ 135
남방오색나비 ········ 403
남방제비나비 ········ 32
넓은띠녹색부전나비 ········ 109
네발나비 ········ 244
노랑나비 ········ 59
높은산세줄나비 ········ 229
눈많은그늘나비 ········ 332

ㄷ

담색긴꼬리부전나비 ········ 95
담색어리표범나비 ········ 182
담흑부전나비 ········ 132
대만왕나비 ········ 402
대만흰나비 ········ 66
대왕나비 ········ 276
대왕팔랑나비 ········ 353
도시처녀나비 ········ 323
독수리팔랑나비 ········ 350
돈무늬팔랑나비 ········ 374
돌담무늬나비 ········ 403
두줄나비 ········ 239
들신선나비 ········ 247

ㅁ

먹그늘나비 ········ 333
먹그늘붙이나비 ········ 334
먹그림나비 ········ 260
먹나비 ········ 405
먹부전나비 ········ 141
멧노랑나비 ········ 57
멧팔랑나비 ········ 359
모시나비 ········ 19
무늬박이제비나비 ········ 39
물결나비 ········ 310
물결부전나비 ········ 134
물빛긴꼬리부전나비 ········ 94
민꼬리까마귀부전나비 ········ 120
민무늬귤빛부전나비 ········ 89

ㅂ

바둑돌부전나비 ········ 78
밤오색나비 ········ 268
배추흰나비 ········ 64
뱀눈그늘나비 ········ 331
번개오색나비 ········ 266
범부전나비 ········ 116
벚나무까마귀부전나비 ········ 125
별박이세줄나비 ········ 227
별선두리왕나비 ········ 402
봄어리표범나비 ········ 180
봄처녀나비 ········ 321
부전나비 ········ 146
부처나비 ········ 312
부처사촌나비 ········ 313
북방거꾸로여덟팔나비 ········ 243
북방기생나비 ········ 52
북방까마귀부전나비 ········ 126
북방녹색부전나비 ········ 100
북방쇳빛부전나비 ········ 114
북방점박이푸른부전나비 ········ 149
붉은띠귤빛부전나비 ········ 84
붉은점모시나비 ········ 20
뾰족부전나비 ········ 401
뿔나비 ········ 178

ㅅ

사향제비나비 ········ 22
산굴뚝나비 ········ 325
산꼬마부전나비 ········ 144
산꼬마표범나비 ········ 180
산네발나비 ········ 245
산녹색부전나비 ········ 110
산부전나비 ········ 149
산수풀떠들썩팔랑나비 ········ 379
산은줄표범나비 ········ 200

산제비나비 ··· 37
산줄점팔랑나비 ··· 385
산팔랑나비 ··· 388
산푸른부전나비 ··· 138
산호랑나비 ··· 27
산황세줄나비 ··· 238
상제나비 ··· 63
석물결나비 ··· 311
선녀부전나비 ··· 82
세줄나비 ··· 230
소철꼬리부전나비 ··· 147
쇳빛부전나비 ··· 115
수노랑나비 ··· 277
수풀꼬마팔랑나비 ··· 365
수풀떠들썩팔랑나비 ··· 377
수풀알락팔랑나비 ··· 369
시가도귤빛부전나비 ··· 88
시골처녀나비 ··· 320
신선나비 ··· 251
쌍꼬리부전나비 ··· 127
쐐기풀나비 ··· 253

ㅇ
알락그늘나비 ··· 330
암검은표범나비 ··· 197
암고운부전나비 ··· 90
암끝검은표범나비 ··· 210
암먹부전나비 ··· 140
암붉은오색나비 ··· 404
암붉은점녹색부전나비 ··· 101
암어리표범나비 ··· 183
애기세줄나비 ··· 225
애물결나비 ··· 309
애호랑나비 ··· 17
어리세줄나비 ··· 240
여름어리표범나비 ··· 181
연노랑흰나비 ··· 400
오색나비 ··· 262
왕그늘나비 ··· 335
왕나비 ··· 179
왕세줄나비 ··· 232
왕오색나비 ··· 272
왕은점표범나비 ··· 210
왕자팔랑나비 ··· 357
왕줄나비 ··· 223
왕팔랑나비 ··· 355
외눈이지옥나비 ··· 315
외눈이지옥사촌나비 ··· 316
우리녹색부전나비 ··· 113
울릉범부전나비 ··· 118
유리창나비 ··· 258
유리창떠들썩팔랑나비 ··· 381
은날개녹색부전나비 ··· 103
은점표범나비 ··· 204
은줄팔랑나비 ··· 363
은줄표범나비 ··· 204
은판나비 ··· 271

ㅈ
작은녹색부전나비 ··· 99
작은멋쟁이나비 ··· 256
작은은점선표범나비 ··· 187
작은주홍부전나비 ··· 128
작은표범나비 ··· 190
작은홍띠점박이푸른부전나비 ··· 142
제비나비 ··· 34
제삼줄나비 ··· 216
제이줄나비 ··· 215
제일줄나비 ··· 213
제주꼬마팔랑나비 ··· 383
조흰뱀눈나비 ··· 336
줄꼬마팔랑나비 ··· 364
줄나비 ··· 212
줄점팔랑나비 ··· 386
줄흰나비 ··· 67
중국황세줄나비 ··· 236
지리산팔랑나비 ··· 372

ㅊ
참까마귀부전나비 ··· 123
참나무부전나비 ··· 91
참산뱀눈나비 ··· 318
참세줄나비 ··· 231
참알락팔랑나비 ··· 368
참줄나비 ··· 217
참줄사촌나비 ··· 218
청띠신선나비 ··· 249
청띠제비나비 ··· 40

ㅋ
큰녹색부전나비 ··· 104
큰멋쟁이나비 ··· 254
큰수리팔랑나비 ··· 350
큰은점선표범나비 ··· 189
큰점박이푸른부전나비 ··· 151
큰주홍부전나비 ··· 130
큰줄흰나비 ··· 68
큰표범나비 ··· 192
큰홍띠점박이푸른부전나비 ··· 143
큰흰줄표범나비 ··· 195

ㅍ
파리팔랑나비 ··· 370
푸른부전나비 ··· 137
푸른큰수리팔랑나비 ··· 352
풀표범나비 ··· 208
풀흰나비 ··· 69

ㅎ
호랑나비 ··· 24
홍점알락나비 ··· 275
홍줄나비 ··· 221
황세줄나비 ··· 234
황알락그늘나비 ··· 329
황알락팔랑나비 ··· 367
황오색나비 ··· 264
회령푸른부전나비 ··· 139
흑백알락나비 ··· 274
흰뱀눈나비 ··· 338
흰점팔랑나비 ··· 361
흰줄점팔랑나비 ··· 387
흰줄표범나비 ··· 194

참고 문헌

김성수 서영호; 한국 나비 생태 도감 (사계절 출판사 2012)
김성수 허필욱; 필드 가이드 나비 (필드 가이드2009)
김용식; 원색한국나비도감 개정증보판(교학사 2010)
김용식; 나비 찾아 떠난 여행 (현암사 2009)
김용식; 나비야 친구하자 (광문각 2008)
김태정; 한국의 야생화 (교학사 1993)
백문기 신유항; 한반도 나비 도감 (자연과 생태 2014)
백문기 신유항; 한반도의 나비 (자연과 생태 2010)
백유현 권민철 김현우; 주머니 속 나비 도감 (황소걸음 2000)
양송남; 한라산 이야기 (태명인쇄소 2010)
이상현; 한국 나비애벌레 생태도감 (광문각 2019)
이원규; 나비 (현암사1993)
이영노; 새로운 한국식물도감 (교학사 2006)
주흥재 김성수 손정달; 한국의 나비 (교학사 1997)
주흥재 김성수; 제주의 나비 (정행사 2002)
주흥재 김성수 김현채 손정달 이영준 주재성; 한반도 나비 (지오북 2021)
정헌천 한연수; 나비 사육 가이드 북 (함평군 2006)
한국나비학회 학회지 합철 (한국나비 학회 198-1997)
한국의 멸종 위기 야생 동식물 (교학사1998
운노 가즈오; 나비 일기 (진성출판사 2000)
松本克臣 YAMA-KE Field Book 蝶
白水隆 日本産蝶類標準圖鑑 (學研 2006)
福田晴夫 공저 原色日本蝶類生態圖鑑 1-4 (保育社)
Bernard d' Abrra WORLD Butterflies
THOMAS MARENT butterfly (A PHOTOGRAPHIC PORTRAIT)

한국 나비 전종 숲속 영상

Wildlife photos of Korean Butterflies

초판 1쇄 인쇄 2022년 8월 10일
초판 1쇄 발행 2022년 8월 22일

지은이 김용식
펴낸이 박정태
편집이사 이명수 출판기획 정하경
편집부 김동서, 전상은
마케팅 박명준 온라인마케팅 박용대
경영지원 최윤숙, 박두리
펴낸곳 광문각
출판등록 1991.05.31 제12-484호

주소 파주시 파주출판문화도시 광인사길 161 광문각 B/D
전화 031-955-8787
팩스 031-955-3730
E-mail kwangmk7@hanmail.net
홈페이지 www.kwangmoonkag.co.kr

ISBN 978-89-7093-512-6 96490
가격 60,000원